N° D'ORDRE
294.

THÈSES

PRÉSENTÉES

A LA FACULTÉ DES SCIENCES DE PARIS

POUR

OBTENIR LE GRADE DE DOCTEUR ÈS SCIENCES,

PAR M. PAUL GAUTIER,

ANCIEN ÉLÈVE DE L'ÉCOLE NORMALE, PROFESSEUR AU LYCÉE D'ALGER.

1re THÈSE. — MOUVEMENT D'UN PROJECTILE DANS L'AIR.

2e THÈSE. — PROPOSITIONS D'ASTRONOMIE DONNÉES PAR LA FACULTÉ.

Soutenues le novembre 1867, devant la Commission d'Examen.

MM. PUISEUX, *Président.*
SERRET, } *Examinateurs.*
BRIOT }

PARIS,

GAUTHIER-VILLARS, IMPRIMEUR-LIBRAIRE

DE L'ÉCOLE IMPÉRIALE POLYTECHNIQUE, DU BUREAU DES LONGITUDES,

SUCCESSEUR DE MALLET-BACHELIER,

Quai des Augustins, 55.

1867

THÈSES

PRÉSENTÉES

A LA FACULTÉ DES SCIENCES DE PARIS

POUR

OBTENIR LE GRADE DE DOCTEUR ÈS SCIENCES,

PAR M. PAUL GAUTIER,

ANCIEN ÉLÈVE DE L'ÉCOLE NORMALE, PROFESSEUR AU LYCÉE D'ALGER.

1re THÈSE. — MOUVEMENT D'UN PROJECTILE DANS L'AIR.

2e THÈSE. — PROPOSITIONS D'ASTRONOMIE DONNÉES PAR LA FACULTÉ.

Soutenues le novembre 1867, devant la Commission d'Examen.

MM. PUISEUX, *Président.*

SERRET, BRIOT } *Examinateurs.*

PARIS,

GAUTHIER-VILLARS, IMPRIMEUR-LIBRAIRE

DE L'ÉCOLE IMPÉRIALE POLYTECHNIQUE, DU BUREAU DES LONGITUDES,

SUCCESSEUR DE MALLET-BACHELIER,

Quai des Augustins, 55.

1867

ACADÉMIE DE PARIS

FACULTÉ DES SCIENCES DE PARIS.

DOYEN	MILNE EDWARDS, Professeur.	Zoologie, Anatomie, Physiologie.
PROFESSEURS HONORAIRES	PONCELET.	
	LEFÉBURE DE FOURCY.	
	DUMAS.	
PROFESSEURS	DELAFOSSE	Minéralogie.
	CHASLES	Géométrie supérieure.
	LE VERRIER	Astronomie.
	DUHAMEL	Algèbre supérieure.
	LAMÉ	Calcul des probabilités, Physique mathématique.
	DELAUNAY	Mécanique physique.
	C. BERNARD	Physiologie générale.
	P. DESAINS	Physique.
	LIOUVILLE	Mécanique rationnelle.
	HÉBERT	Géologie.
	PUISEUX	Astronomie.
	DUCHARTRE	Botanique.
	JAMIN	Physique.
	SERRET	Calcul différentiel et intégral.
	PAUL GERVAIS	Anatomie, Physiologie comparée, Zoologie.
	X	Chimie (1er semestre).
	X	Chimie (2e semestre).
AGRÉGÉS	BERTRAND	Sciences mathématiques.
	J. VIEILLE	Sciences mathématiques.
	PELIGOT	Sciences physiques.
SECRÉTAIRE	PHILIPPON.	

PARIS. — IMPRIMERIE DE GAUTHIER-VILLARS, SUCCESSEUR DE MALLET-BACHELIER,
Rue de Seine-Saint-Germain, 10, près l'Institut.

PREMIÈRE THÈSE.

MOUVEMENT D'UN PROJECTILE DANS L'AIR.

1. L'étude du mouvement d'un projectile dans un milieu résistant date de l'origine du Calcul infinitésimal. Newton et Wallis ont donné les premiers travaux sur ce sujet en 1687.

Les recherches de Newton se trouvent dans le second livre des *Principes*, et celles de Wallis dans les *Transactions philosophiques*. Deux ans plus tard, Leibnitz publia un Mémoire sur le même sujet dans les *Acta eruditorum*.

Jean Bernoulli fut provoqué par Keill à déterminer le mouvement d'un projectile dans un milieu homogène, lorsque la résistance est proportionnelle au carré de la vitesse. Il résolut le problème plus général où la résistance est proportionnelle à une puissance quelconque de la vitesse. Ses recherches furent publiées, ainsi que celles de son neveu Nicolas Bernoulli, dans les *Acta eruditorum*, 1719, p. 216. Plus tard, Legendre ramena aux quadratures la détermination du mouvement d'un projectile quand la résistance est égale à une constante, plus un terme proportionnel au carré de la vitesse (*Mémoires de l'Académie de Berlin*, 1782).

On peut encore consulter sur le problème balistique : Euler (*Mémoires de l'Académie de Berlin*, 1753), Borda (*ibid.*, 1769), Templehoff (*ibid.*, 1788-1789), Moreau (*Journal de l'École Polytechnique*, XIe cahier).

Ces indications ont été puisées dans les *Problèmes de Mécanique rationnelle* de M. l'abbé Jullien.

Dans tous ces travaux, le projectile est toujours considéré comme un point matériel, et la résistance du milieu comme une force dirigée suivant la tangente à la trajectoire, et en sens contraire du mouvement.

Poisson a publié (*Journal de l'École Polytechnique*, 1838-1839) un Mémoire très-développé sur le mouvement d'un projectile dans un milieu résistant, en tenant compte de la forme du projectile et en admettant que la résistance est proportionnelle au carré de la vitesse. Mais il s'est borné au cas où le projectile diffère très-peu d'une sphère.

Je me propose de reprendre cette question pour un projectile quelconque de révolution, et en adoptant d'autres lois que celle que Poisson a admise.

Le tir des canons rayés donne de l'intérêt à cette étude. On a reconnu, en effet, que les projectiles animés d'une vitesse de rotation autour de leur axe de figure éprouvaient une déviation latérale, qu'en termes d'artillerie on nomme *dérivation*. Cette dérivation est assez considérable pour qu'il ait fallu en tenir compte dans le tir. Il est évident que si la résistance de l'air pouvait être représentée par une force appliquée au centre de gravité et tangente à la trajectoire de ce point, cet effet ne se produirait pas.

2. Quand un corps se déplace, les éléments de sa surface n'agissent pas de la même manière sur l'air qui les touche. La surface doit être considérée comme partagée en deux régions, l'une qui sort de l'espace actuellement occupé par le corps et l'autre qui pénètre dans cet espace. La ligne de séparation de ces deux régions est l'intersection de la surface du corps dans la position qu'il occupe actuellement avec cette même surface pour la position infiniment voisine que le corps prend après. Les éléments de surface appartenant à la première région compriment l'air; ils supportent donc la pression ordinaire de l'air et en outre une résistance normale dirigée de dehors en dedans, et dont la grandeur dépend de la compression éprouvée par l'air. Les éléments de la deuxième région se trouvent en contact avec un air dilaté; ils supportent alors une pression moindre que la pression atmosphérique ordinaire. On peut dire qu'ils supportent une pression égale à la pression

ordinaire, à la condition de leur appliquer une force normale de sens contraire, c'est-à-dire dirigée de dedans en dehors, et dont la grandeur dépend de la dilatation de l'air. Enfin, dans chaque région, les résistances élémentaires ne sont pas égales, parce que, les vitesses de ces éléments n'étant pas égales, la compression ou la dilatation de l'air n'est pas la même. Cette compression ou cette dilatation ne dépendant que de la vitesse normale de l'élément, j'admettrai que la résistance élémentaire de l'air est proportionnelle à une certaine puissance de la vitesse normale de l'élément sur lequel il agit. J'admettrai en outre qu'à égalité de vitesse normale, les résistances élémentaires appliquées aux éléments des deux régions sont les mêmes. Cela revient à dire que lorsque l'air éprouve un même changement de volume en plus ou en moins, la pression qu'il exerce sur l'élément qu'il touche est changée de la même quantité.

Les pressions ordinaires appliquées aux éléments de la surface se composent en une seule force qui est la poussée de l'air.

C'est une force verticale dirigée de bas en haut, égale au poids de l'air déplacé et dont le point d'application est le centre de gravité du corps considéré comme homogène. Les résistances élémentaires peuvent être remplacées par deux forces seulement dont l'une passe par le centre de gravité réel du corps.

Il est aisé maintenant de comprendre qu'un projectile de révolution, animé d'une vitesse initiale dirigée suivant son axe de figure et d'une rotation initiale autour du même axe, peut éprouver une dérivation.

Au commencement du mouvement, le plan vertical qui contient l'axe est un plan de symétrie, et les forces élémentaires peuvent être remplacées par deux forces contenues dans ce plan, ayant pour points d'application, la première le centre de gravité, et la seconde un certain point de l'axe. Le projectile se trouve dès lors dans les mêmes conditions qu'une toupie qui se meut sur un plan horizontal poli. On sait que l'axe de la toupie tourne autour de la verticale menée par le centre de gravité. Il en sera de même de l'axe du projectile; il sortira donc du plan vertical qui le contenait d'abord.

Dès lors, le plan vertical qui d'abord contenait l'axe n'étant plus un plan de symétrie pour la surface du solide, il n'y a plus de raison pour que les deux forces qui peuvent remplacer les résistances élémentaires soient contenues dans ce plan. Transportées parallèlement à elles-mêmes au centre de gravité, elles se composeront en une seule force qui conjointement avec le poids détermine le mouvement de ce point. On pourra décomposer cette force en deux autres, l'une située dans le plan vertical initial, et l'autre perpendiculaire à ce plan. Cette dernière déterminera la dérivation du projectile.

Ces considérations suffisent pour faire comprendre la possibilité d'une dérivation, mais non pour en déterminer la grandeur et le sens. Il faut, pour cela, se donner une loi de résistance. Dans une première Partie, je supposerai la résistance élémentaire proportionnelle à la vitesse normale, et dans une deuxième Partie je la supposerai proportionnelle au cube de la vitesse normale.

PREMIÈRE PARTIE.

RÉSISTANCE PROPORTIONNELLE A LA VITESSE.

1. Je suppose un projectile de révolution dont le centre de gravité est animé d'une vitesse initiale v_0 dirigée suivant son axe de figure, et qui possède en outre une vitesse initiale de rotation ω autour du même axe. J'appellerai α l'angle initial que cet axe fait avec l'horizon.

Ce projectile est supposé homogène; mais il peut être creux. Dans ce cas, je supposerai la cavité de révolution autour du même axe que le projectile. Il résulte de là que le centre de gravité réel du corps est situé sur l'axe de révolution, de même que le centre de poussée; mais ces deux points peuvent ne pas coïncider. Il en résulte aussi que les deux rayons principaux de giration perpendiculaires à l'axe, menés par le centre de gravité, sont égaux entre eux.

Je rapporterai les positions successives du centre de gravité à trois axes fixes Ox, Oy, Oz, menés par sa position initiale. Je prendrai pour axes des x et des z l'horizontale et la verticale contenues dans le plan vertical qui contient l'axe au commencement du mouvement; les z positifs de bas en haut, les x positifs dans le sens du mouvement.

Pour axe des y, je prendrai l'horizontale perpendiculaire au plan zOx, et comptée positivement vers la droite d'un observateur placé sur l'axe des z et tourné vers l'axe des x.

Je rapporterai les points de la surface aux trois axes permanents d'inertie Gx', Gy', Gz', menés par le centre de gravité G.

L'axe de révolution est le premier d'entre eux ; les deux autres peuvent être choisis arbitrairement dans le plan perpendiculaire à l'axe de figure. Je prendrai pour Gy' la droite qui coïncide avec Oy au commencement du mouvement ; alors Gz' sera la droite perpendiculaire au plan $x'Gy'$, et qui coïncide avec Oz quand les axes Gx' et Gy' coïncident avec Ox et Oy.

Cela posé, soient, à l'époque t, x, y, z les coordonnées du centre de gravité ; p, q, r les vitesses de rotation du solide autour des axes permanents d'inertie, ces vitesses pouvant être positives ou négatives conformément aux conventions en usage dans les Traités de Mécanique rationnelle. Soient $a, a', a'', b, b', b'', c, c', c''$ les cosinus des angles que les axes mobiles font alors avec les axes fixes ; F_x, F_y, F_z les sommes des composantes des forces extérieures parallèles aux axes fixes ; M_x, M_y, M_z les sommes des moments des mêmes forces par rapport aux axes d'inertie ; soient enfin M la masse du solide, l et l' les deux rayons de giration. Les équations qui définissent le mouvement seront :

$$M\frac{d^2x}{dt^2} = F_x, \quad M\frac{d^2y}{dt^2} = F_y, \quad M\frac{d^2z}{dt^2} = F_z;$$

$$Ml^2\frac{dp}{dt} = M_x,$$

$$Ml'^2\frac{dq}{dt} = M(l'^2 - l^2)pr + M_y,$$

$$Ml'^2\frac{dr}{dt} = -M(l'^2 - l^2)pq + M_z;$$

$$\frac{da}{dt} = br - cq, \quad \frac{da'}{dt} = b'r - c'q, \quad \frac{da''}{dt} = b''r - c''q;$$

$$\frac{db}{dt} = cp - ar, \quad \frac{db'}{dt} = c'p - a'r, \quad \frac{db''}{dt} = c''p - a''r;$$

$$\frac{dc}{dt} = aq - bp, \quad \frac{dc'}{dt} = a'q - b'p, \quad \frac{dc''}{dt} = a''q - b''p.$$

Cela fait quinze équations et quinze inconnues.

Les valeurs initiales de ces inconnues sont, d'après ce qui précède,

$$x = 0,\quad y = 0,\quad z = 0,\qquad p = \omega,\quad q = 0,\quad r = 0;$$

$$\frac{dx}{dt} = v_0 \cos\alpha,\qquad \frac{dy}{dt} = 0,\quad \frac{dz}{dt} = v_0 \sin\alpha;$$

$$a = \cos\alpha,\qquad a' = 0,\quad a'' = \sin\alpha;$$

$$b = 0,\qquad b' = 1,\quad b'' = 0;$$

$$c = -\sin\alpha,\qquad c' = 0,\quad c'' = \cos\alpha.$$

2. Il faut déterminer les quantités F_x, F_y, F_z, M_x, M_y, M_z. Soient x', y', z' les coordonnées d'un point m de la surface; ds l'étendue de l'élément infiniment petit de surface auquel ce point appartient; X, Y, Z les cosinus des angles que la normale à cet élément dirigée de dedans en dehors fait avec les axes permanents d'inertie; u, u', u'' les vitesses du centre de gravité estimées sur des droites fixes, coïncidant, à l'époque t avec les axes d'inertie.

Les vitesses du point m, estimées suivant ces droites, seront

$$u + qz' - ry',\quad u' + rx' - pz',\quad u'' + py' - qx'.$$

Si l'on appelle V la vitesse normale du point m, on aura

$$V = (u + qz' - ry')X + (u' + rx' - pz')Y + (u'' + py' - qx')Z.$$

La résistance élémentaire appliquée à l'élément dont le point m fait partie sera, d'après la loi adoptée, $kVds$ en valeur absolue. Je peux remplacer k par εM, M étant la masse du solide et ε un coefficient constant. La valeur absolue de la résistance élémentaire est donc $\varepsilon MV ds$.

Je suppose d'abord que le point m appartienne à la première région de la surface, c'est-à-dire que, par suite du déplacement du solide, ce point sorte de l'espace occupé par le corps à l'époque t. Alors la direction de la vitesse du point m fait un angle aigu avec la direction de la normale extérieure. Or le cosinus de cet angle a le même signe que V, et, puisque cet angle est aigu, V est positif. La résistance élémentaire est dirigée suivant la normale intérieure; ses composantes sur les axes d'inertie seront donc

$$-\varepsilon MVX ds, \quad -\varepsilon MVY ds, \quad -\varepsilon MVZ ds.$$

Je suppose en second lieu que le point m appartienne à la seconde région, c'est-à-dire que ce point pénètre dans l'espace actuellement occupé par le corps ; alors la direction de la vitesse du point m fait un angle obtus avec la direction de la normale extérieure. Il en résulte que V est négatif; la valeur de la résistance élémentaire est alors $-\varepsilon MV ds$ en valeur absolue ; mais cette résistance est alors dirigée suivant la normale extérieure ; ses composantes sur les trois axes seront comme précédemment

$$-\varepsilon MVX ds, \quad -\varepsilon MVY ds, \quad -\varepsilon MVZ ds.$$

Les moments de ces composantes, par rapport aux mêmes droites, sont dès lors

$$-\varepsilon MV(Zy' - Yz') ds, \quad -\varepsilon MV(Xz' - Zx') ds, \quad -\varepsilon MV(Yx' - Xy') ds.$$

Les sommes des composantes sur les axes d'inertie sont donc

$$-\varepsilon M\Sigma VX ds, \quad -\varepsilon M\Sigma VY ds, \quad -\varepsilon M\Sigma VZ ds,$$

et les sommes des moments

$$-\varepsilon M\Sigma V(Zy' - Yz') ds, \quad -\varepsilon M\Sigma V(Xz' - Zx') ds, \quad -\varepsilon M\Sigma V(Yx' - Xy') ds,$$

les sommes se rapportant à toute la surface du projectile.

Les sommes des composantes des forces résistantes sur les trois axes fixes passant par l'origine sont

$$-\varepsilon M(a\ \Sigma VX ds + b\ \Sigma VY ds + c\ \Sigma VZ ds),$$
$$-\varepsilon M(a'\ \Sigma VX ds + b'\ \Sigma VY ds + c'\ \Sigma VZ ds),$$
$$-\varepsilon M(a''\Sigma VX ds + b''\Sigma VY ds + c''\Sigma VZ ds).$$

Outre les forces résistantes, il y a encore à considérer le poids du corps et la poussée de l'air. Soient P le poids du corps et ϖ celui de l'air déplacé, $-P + \varpi$ sera la somme des composantes sur l'axe des Z ; on peut écrire $-P\left(1 - \frac{\varpi}{P}\right)$ ou bien $-Mg$, g représentant dès lors l'accélération due au poids du corps dans l'air. Les composantes de ces forces sur les axes des x et des y sont nulles. Le poids du corps étant une force passant par le centre de gravité, ses moments par rapport aux axes d'inertie sont nuls, mais il n'en est pas de même de la poussée. Soit d la distance du centre de poussée au centre de gravité, d pouvant être positif ou négatif. Les composantes de la poussée sur les trois axes d'inertie sont

$$\varpi a'', \quad \varpi b'', \quad \varpi c'',$$

et les coordonnées de son point d'application

$$d, \quad 0, \quad 0.$$

Les moments par rapport aux axes d'inertie sont donc

$$0, \quad -\varpi dc'', \quad +\varpi db'',$$

ou bien, en posant $\varpi d = \mathrm{M}\mu$,

$$0, \quad -\mathrm{M}\mu c'', \quad +\mathrm{M}\mu b''.$$

3. *Détermination des intégrales doubles.* — La valeur de V peut s'écrire, en développant,

$$\mathrm{V} = u\mathrm{X} + u'\mathrm{Y} + u''\mathrm{Z} + q(\mathrm{X}z' - \mathrm{Z}x') + r(\mathrm{Y}x' - \mathrm{X}y').$$

p n'y figure pas, parce que, la surface étant de révolution, on a en chaque point $\mathrm{Z}y' - \mathrm{Y}z' = 0$.

Pour avoir les intégrales cherchées, il faut multiplier cette expression successivement par

$$\mathrm{X}ds, \quad \mathrm{Y}ds, \quad \mathrm{Z}ds, \quad (\mathrm{X}z' - \mathrm{Z}x')ds, \quad (\mathrm{Y}x' - \mathrm{X}y')ds,$$

et intégrer sur toute la surface.

Je remarquerai qu'une intégrale dont l'élément est de degré impair par rapport à Y et y' ou bien par rapport à Z et z' est nulle. En effet, la surface étant de révolution autour de l'axe des x', les éléments sont deux à deux symétriques par rapport aux plans $z'ox'$ et $y'ox'$. Les valeurs de Y et y' ou bien de Z et z' qui correspondent à des éléments symétriques sont égales et de signes contraires; dès lors l'intégrale étant la somme d'éléments deux à deux égaux et de signes contraires est nulle. On obtient, en tenant compte de cette remarque,

$$\Sigma \mathrm{VX}\,ds = u\Sigma \mathrm{X}^2 ds,$$
$$\Sigma \mathrm{VY}\,ds = u'\Sigma \mathrm{Y}^2 ds + r\Sigma \mathrm{Y}(\mathrm{Y}x' - \mathrm{X}y')ds,$$
$$\Sigma \mathrm{VZ}\,ds = u''\Sigma \mathrm{Z}^2 ds + q\Sigma \mathrm{Z}(\mathrm{X}z' - \mathrm{Z}x')ds;$$

$$\Sigma \mathrm{V}(\mathrm{X}z' - \mathrm{Z}x')ds = u''\Sigma \mathrm{Z}(\mathrm{X}z' - \mathrm{Z}x')ds + q\Sigma(\mathrm{X}z' - \mathrm{Z}x')^2 ds,$$
$$\Sigma \mathrm{V}(\mathrm{Y}x' - \mathrm{X}y')ds = u'\Sigma \mathrm{Y}(\mathrm{Y}x' - \mathrm{X}y')ds + r\Sigma(\mathrm{Y}x' - \mathrm{X}y')^2 ds.$$

Je remarquerai maintenant que deux intégrales dont les éléments ne diffèrent que par le changement de Y et y' en Z et z', et réciproquement, sont égales. Cela résulte de ce que, la surface étant de révolution, rien ne distingue les axes des y et des z.

Je pose

$$\Sigma \mathrm{X}^2 ds = \mathrm{A},\quad \Sigma \mathrm{Y}^2 ds = \mathrm{B},\quad \Sigma \mathrm{Y}(\mathrm{Y}x' - \mathrm{X}y')ds = \mathrm{C},\quad \Sigma(\mathrm{X}z' - \mathrm{Z}x')^2 ds = \mathrm{D}.$$

A, B, C, D sont des coefficients constants dont la valeur dépend de la forme du projectile, et qu'on pourra calculer quand on se donnera la section méridienne. Il vient alors

$$\Sigma \mathrm{VX}\,ds = \mathrm{A}u,\quad \Sigma \mathrm{VY}\,ds = \mathrm{B}u' + \mathrm{C}r,\quad \Sigma \mathrm{VZ}\,ds = \mathrm{B}u'' - \mathrm{C}q,$$
$$\Sigma \mathrm{V}(\mathrm{X}z' - \mathrm{Z}x')ds = -\mathrm{C}u'' + \mathrm{D}q,\quad \Sigma \mathrm{V}(\mathrm{Y}x' - \mathrm{X}y')ds = \mathrm{C}u' + \mathrm{D}r.$$

Les quantités u, u', u'' qui entrent dans ces équations ont pour valeurs

$$u = a\frac{dx}{dt} + a'\frac{dy}{dt} + a''\frac{dz}{dt},$$
$$u' = b\frac{dx}{dt} + b'\frac{dy}{dt} + b''\frac{dz}{dt},$$
$$u'' = c\frac{dx}{dt} + c'\frac{dy}{dt} + c''\frac{dz}{dt}.$$

Les équations du mouvement sont maintenant connues.

Les moments des forces par rapport à l'axe d'inertie Gx' étant nuls, il en résulte que p reste constant; il garde donc sa valeur initiale ω. Il n'y a donc plus que quatorze équations et autant d'inconnues.

Ces équations sont

$$\frac{d^2x}{dt^2} = -\varepsilon[a\mathrm{A}u + b(\mathrm{B}u' + \mathrm{C}r) + c(\mathrm{B}u'' - \mathrm{C}q)],$$

$$\frac{d^2y}{dt^2} = -\varepsilon[a'\mathrm{A}u + b'(\mathrm{B}u' + \mathrm{C}r) + c'(\mathrm{B}u'' - \mathrm{C}q)],$$

$$\frac{d^2z}{dt^2} = -g - \varepsilon[a''\mathrm{A}u + b''(\mathrm{B}u' + \mathrm{C}r) + c''(\mathrm{B}u'' - \mathrm{C}q)];$$

$$l'^2\frac{dq}{dt} = (l'^2 - l^2)\omega r - \mu c'' - \varepsilon(-\mathrm{C}u'' + \mathrm{D}q),$$

$$l'^2\frac{dr}{dt} = -(l'^2 - l^2)\omega q + \mu b'' - \varepsilon(\mathrm{C}u' + \mathrm{D}r);$$

$$\frac{da}{dt} = br - cq, \quad \frac{da'}{dt} = b'r - c'q, \quad \frac{da''}{dt} = b''r - c''q,$$

$$\frac{db}{dt} = \omega c - ar, \quad \frac{db'}{dt} = \omega c' - a'r, \quad \frac{db''}{dt} = \omega c'' - a''r,$$

$$\frac{dc}{dt} = -\omega b + aq, \quad \frac{dc'}{dt} = -\omega b' + a'q, \quad \frac{dc''}{dt} = -\omega b'' + a''q.$$

4. Pour connaître les circonstances du mouvement, il faut intégrer les quatorze équations simultanées qui précèdent. On connaîtra alors à chaque instant la position du centre de gravité et la direction de l'axe de figure. Cela ne peut se faire exactement, mais on peut avoir des valeurs approchées des inconnues, dans le cas où les termes qui contiennent ε et μ en facteurs sont très-petits *par rapport à g*. En effet, les inconnues sont alors développables en séries rapidement convergentes par rapport aux puissances croissantes de ε et μ. Si l'on peut calculer les premiers termes de ces séries, on aura des valeurs suffisamment approchées des inconnues.

Ainsi, je suppose ε et μ très-petits, et je me propose de déterminer le mouvement de rotation du solide autour de son centre de gravité en négligeant les puissances de ε et μ supérieures à la première, et cela me permettra d'avoir x, y, z en ne négligeant que les puissances de ε et μ supérieures à la seconde. On obtient une première approximation en remplaçant ε et μ par zéro dans les équations du mouvement. Les valeurs obtenues pour les inconnues par l'intégration des équations ainsi formées sont les termes indépendants de ε et μ dans les séries précédemment indiquées. Elles correspondent au mouvement dans le vide.

Les équations différentielles deviennent

$$\frac{d^2x}{dt^2}=0,\quad \frac{d^2y}{dt^2}=0,\quad \frac{d^2z}{dt^2}=-g,$$

$$l'^2\frac{dq}{dt}=(l'^2-l^2)\omega r,\quad l'^2\frac{dr}{dt}=-(l'^2-l^2)\omega q,$$

lesquelles donnent, en tenant compte des valeurs initiales,

$$x=v_0t\cos\alpha,\quad y=0,\quad z=v_0t\sin\alpha-\frac{1}{2}gt^2,\quad q=0,\quad r=0.$$

Les équations aux cosinus sont alors

$$\begin{array}{lll}\dfrac{da}{dt}=0, & \dfrac{da'}{dt}=0, & \dfrac{da''}{dt}=0,\\ \dfrac{db}{dt}=\omega c, & \dfrac{db'}{dt}=\omega c', & \dfrac{db''}{dt}=\omega c'',\\ \dfrac{dc}{dt}=-\omega b, & \dfrac{dc'}{dt}=-\omega b', & \dfrac{dc''}{dt}=-\omega b''.\end{array}$$

Intégrant et tenant compte des valeurs initiales, on obtient

$$\begin{array}{lll}a=\cos\alpha, & a'=0, & a''=\sin\alpha,\\ b=-\sin\alpha\sin\omega t, & b'=\cos\omega t, & b''=\cos\alpha\sin\omega t,\\ c=-\sin\alpha\cos\omega t, & c'=-\sin\omega t, & c''=\cos\alpha\cos\omega t,\end{array}$$

valeurs qui prouvent que l'axe du projectile se déplace parallèlement à lui-même. On aurait pu regarder ce résultat comme acquis, et en conclure géométriquement les valeurs qui précédent.

5. Je pose

$$x=v_0t\cos\alpha+x_1,\quad z=v_0t\sin\alpha-\frac{1}{2}gt^2+z_1,$$

$$\begin{array}{lll}a=\cos\alpha+a_1, & & a''=\sin\alpha+a''_1,\\ b=-\sin\alpha\sin\omega t+b_1, & b'=\cos\omega t+b'_1, & b''=\cos\alpha\sin\omega t+b''_1,\\ c=-\sin\alpha\cos\omega t+c_1, & c'=-\sin\omega t+c'_1, & c''=\cos\alpha\cos\omega t+c''_1.\end{array}$$

Les variables x_1, y, z_1, q, r; a_1, a', a''_1; b_1, b'_1, b''_1; c_1, c'_1, c''_1, s'annulant en même temps que ε et μ, contiennent ces nombres en facteurs.

Les équations aux cosinus deviennent, par cette substitution,

$$\frac{da_1}{dt} = \sin\alpha(q\cos\omega t - r\sin\omega t),\quad \frac{da'}{dt} = q\sin\omega t + r\cos\omega t,\quad \frac{da''_1}{dt} = -\cos\alpha(q\cos\omega t - r\sin\omega t),$$

$$\frac{db_1}{dt} = \omega c_1 - r\cos\alpha,\quad \frac{db'_1}{dt} = \omega c'_1,\quad \frac{db''_1}{dt} = \omega c''_1 - r\sin\alpha,$$

$$\frac{dc_1}{dt} = -\omega b_1 + q\cos\alpha,\quad \frac{dc'_1}{dt} = -\omega b'_1,\quad \frac{dc''_1}{dt} = -\omega b''_1 + q\sin\alpha.$$

J'ai négligé dans ces équations les carrés des nouvelles variables, ce qui revient à négliger les carrés de ε et μ.

Les deux équations $\frac{db'_1}{dt} = \omega c'_1$, $\frac{dc'_1}{dt} = -\omega b'_1$ montrent qu'à l'approximation convenue on a

$$b'_1 = 0,\quad c'_1 = 0.$$

A la même approximation on a, d'après les équations en a_1 et a''_1, $\cos\alpha\frac{da_1}{dt} + \sin\alpha\frac{da''_1}{dt} = 0$, d'où l'on conclut

$$a_1 = -a''_1 \,.\, \operatorname{tang}\alpha.$$

6. Je considère maintenant les deux équations

$$\frac{db_1}{dt} = \omega c_1 - r\cos\alpha,\quad \frac{dc_1}{dt} = -\omega b_1 + q\cos\alpha.$$

Je pose

$$b_1 = \mathrm{M}\sin\omega t + \mathrm{M}'\cos\omega t,\quad c_1 = \mathrm{M}\cos\omega t - \mathrm{M}'\sin\omega t,$$

M et M' étant deux nouvelles variables; on en déduit aisément

$$b_1\sin\omega t + c_1\cos\omega t = \mathrm{M},\quad b_1\cos\omega t - c_1\sin\omega t = \mathrm{M}',$$

puis

$$\sin\omega t\frac{d\mathrm{M}}{dt} + \cos\omega t\frac{d\mathrm{M}'}{dt} = -r\cos\alpha,\quad \cos\omega t\frac{d\mathrm{M}}{dt} - \sin\omega t\frac{d\mathrm{M}'}{dt} = q\cos\alpha.$$

Cela donne

$$\frac{dM}{dt} = \cos\alpha\,(q\cos\omega t - r\sin\omega t) = -\frac{da''}{dt}, \qquad \text{d'où} \quad M = -a''_1,$$

$$\frac{dM'}{dt} = -\cos\alpha\,(q\sin\omega t + r\cos\omega t) = -\cos\alpha\cdot\frac{da'}{dt}, \quad \text{d'où} \quad M' = -a'\cos\alpha.$$

Ainsi on peut remplacer les deux équations différentielles en b_1 et c_1 par les deux relations suivantes :

$$b_1\sin\omega t + c_1\cos\omega t = -a''_1,$$
$$b_1\cos\omega t - c_1\sin\omega t = -a'.\cos\alpha.$$

En opérant de même, on trouve que les deux équations différentielles en b''_1 et c''_1 peuvent être remplacées par les relations

$$b''_1\sin\omega t + c''_1\cos\omega t = -a''_1\,\text{tang}\,\alpha,$$
$$b''_1\cos\omega t - c''_1\sin\omega t = -a'\sin\alpha.$$

On voit d'après cela que tous les cosinus dépendent seulement de a' et a''_1, et cela était évident *à priori*, parce que, ω étant constant, le mouvement de l'axe de figure détermine celui des deux autres axes d'inertie.

7. Pour avoir a' et a''_1, il faut, d'après les relations précédentes, connaître les deux expressions $q\sin\omega t + r\cos\omega t$, $q\cos\omega t - r\sin\omega t$, au premier ordre près.

Les équations aux rotations sont

$$l'^2\frac{dq}{dt} = (l'^2 - l^2)\omega r - \mu c'' + \varepsilon(Cu'' - Dq),$$

$$l'^2\frac{dr}{dt} = -(l'^2 - l^2)\omega q + \mu b'' - \varepsilon(Cu' + Dr).$$

Négliger les puissances de ε et μ supérieures à la première, cela revient à faire ε et μ nuls dans b'', c'', $Cu' + Dr$, $Cu'' - Dq$.

Il faut, par conséquent, supprimer les termes Dq, Dr; remplacer b'' et c'' par $\cos\alpha\sin\omega t$ et $\cos\alpha\cos\omega t$, puis calculer u' et u'' en y négligeant les termes du premier ordre. On a

$$u' = b\frac{dx}{dt} + b'\frac{dy}{dt} + b''\frac{dz}{dt},$$

$$u'' = c\frac{dx}{dt} + c'\frac{dy}{dt} + c''\frac{dz}{dt},$$

$$\frac{dx}{dt} = v_0 \cos\alpha, \quad \frac{dy}{dt} = 0, \quad \frac{dz}{dt} = v_0 \sin\alpha - gt,$$

$$b = -\sin\alpha\sin\omega t, \quad c = -\sin\alpha\cos\omega t, \quad b'' = \cos\alpha\sin\omega t, \quad c'' = \cos\alpha\cos\omega t.$$

Donc

$$u' = -gt\cos\alpha \,.\, \sin\omega t, \quad u'' = -gt\cos\alpha \,.\, \cos\omega t.$$

Les équations aux rotations deviennent alors

$$\frac{dq}{dt} = \frac{l'^2 - l^2}{l'^2}\omega r - \frac{1}{l'^2}(\mu + \varepsilon C gt)\cos\alpha\cos\omega t,$$

$$\frac{dr}{dt} = -\frac{l'^2 - l^2}{l'^2}\omega q + \frac{1}{l'^2}(\mu + \varepsilon C gt)\cos\alpha\sin\omega t.$$

Je pose comme précédemment

$$q = \text{M}\sin\left(\frac{l'^2 - l^2}{l'^2}\omega t\right) + \text{M}'\cos\left(\frac{l'^2 - l^2}{l'^2}\omega t\right),$$

$$r = \text{M}\cos\left(\frac{l'^2 - l^2}{l'^2}\omega t\right) - \text{M}'\sin\left(\frac{l'^2 - l^2}{l'^2}\omega t\right),$$

d'où l'on déduit

$$q\sin\omega t + r\cos\omega t = \text{M}\cos\left(\frac{l^2}{l'^2}\omega t\right) + \text{M}'\sin\left(\frac{l^2}{l'^2}\omega t\right),$$

$$q\cos\omega t - r\sin\omega t = -\text{M}\sin\left(\frac{l^2}{l'^2}\omega t\right) + \text{M}'\cos\left(\frac{l^2}{l'^2}\omega t\right),$$

Les deux équations différentielles deviennent

$$\sin\left(\frac{l'^2 - l^2}{l'^2}\omega t\right)\frac{d\text{M}}{dt} + \cos\left(\frac{l'^2 - l^2}{l'^2}\omega t\right)\frac{d\text{M}'}{dt} = -\frac{1}{l'^2}(\mu + \varepsilon C gt)\cos\alpha\cos\omega t,$$

$$\cos\left(\frac{l'^2 - l^2}{l'^2}\omega t\right)\frac{d\text{M}}{dt} - \sin\left(\frac{l'^2 - l^2}{l'^2}\omega t\right)\frac{d\text{M}'}{dt} = \frac{1}{l'^2}(\mu + \varepsilon C gt)\cos\alpha\sin\omega t,$$

lesquelles peuvent être remplacées par les suivantes :

$$\frac{d\mathrm{M}}{dt} = \frac{1}{l'^2}(\mu + \varepsilon \mathrm{C} g t)\cos\alpha \sin\left(\frac{l^2}{l'^2}\omega t\right),$$

$$\frac{d\mathrm{M}'}{dt} = -\frac{1}{l'^2}(\mu + \varepsilon \mathrm{C} g t)\cos\alpha \cos\left(\frac{l^2}{l'^2}\omega t\right).$$

Intégrant et tenant compte de ce que M et M′ sont nuls pour $t = o$, on obtient

$$\mathrm{M} = \frac{\cos\alpha}{l^2\omega}\left[\mu - (\mu + \varepsilon \mathrm{C} g t)\cos\left(\frac{l^2}{l'^2}\omega t\right) + \frac{l'^2}{l^2\omega}\varepsilon \mathrm{C} g \sin\left(\frac{l^2}{l'^2}\omega t\right)\right],$$

$$\mathrm{M}' = -\frac{\cos\alpha}{l^2\omega}\left[\frac{l'^2}{l^2\omega}\varepsilon \mathrm{C} g + \mu \sin\left(\frac{l^2}{l'^2}\omega t\right) - \frac{l'^2}{l^2\omega}\varepsilon \mathrm{C} g \cos\left(\frac{l^2}{l'^2}\omega t\right)\right].$$

Ces valeurs donnent

$$q\sin\omega t + r\cos\omega t = -\frac{\cos\alpha}{l^2\omega}\left[\mu + \varepsilon \mathrm{C} g t - \mu\cos\left(\frac{l^2}{l'^2}\omega t\right) - \frac{l'^2}{l^2\omega}\varepsilon \mathrm{C} g \sin\left(\frac{l^2}{l'^2}\omega t\right)\right],$$

$$q\cos\omega t - r\sin\omega t = -\frac{\cos\alpha}{l^2\omega}\left[\frac{l'^2}{l^2\omega}\varepsilon \mathrm{C} g + \mu \sin\left(\frac{l^2}{l'^2}\omega t\right) - \frac{l'^2}{l^2\omega}\varepsilon \mathrm{C} g \cos\left(\frac{l^2}{l'^2}\omega t\right)\right];$$

on en conclut

$$\frac{da'}{dt} = -\frac{\cos\alpha}{l^2\omega}\left[\mu + \varepsilon \mathrm{C} g t - \mu\cos\left(\frac{l^2}{l'^2}\omega t\right) - \frac{l'^2}{l^2\omega}\varepsilon \mathrm{C} g \sin\left(\frac{l^2}{l'^2}\omega t\right)\right],$$

$$\frac{da''_1}{dt} = \frac{l'^2}{l^4}\,\frac{\cos^2\alpha}{\omega^2}\left[\varepsilon \mathrm{C} g + \frac{l^2\omega}{l'^2}\mu \sin\left(\frac{l^2}{l'^2}\omega t\right) - \varepsilon \mathrm{C} g \cos\left(\frac{l^2}{l'^2}\omega t\right)\right].$$

En intégrant, on obtient

$$a' = -\frac{\cos\alpha}{l^2\omega}\left[\mu t + \frac{1}{2}\varepsilon \mathrm{C} g t^2 - \mu\frac{l'^2}{l^2\omega}\sin\left(\frac{l^2}{l'^2}\omega t\right)\right.$$
$$\left. + \left(\frac{l'^2}{l^2\omega}\right)^2 \varepsilon \mathrm{C} g \cos\left(\frac{l^2}{l'^2}\omega t\right) - \left(\frac{l'^2}{l^2\omega}\right)^2 \varepsilon \mathrm{C} g\right],$$

$$a''_1 = \frac{l'^2\cos^2\alpha}{l^4\omega^2}\left[\varepsilon \mathrm{C} g t + \mu - \mu\cos\left(\frac{l^2}{l'^2}\omega t\right) - \frac{l'^2}{l^2\omega}\varepsilon \mathrm{C} g \sin\left(\frac{l^2}{l'^2}\omega t\right)\right].$$

Une parallèle à l'axe de révolution menée par l'origine des coordonnécs a pour projection sur le plan horizontal une droite dont l'équation est

$$\frac{x}{a} = \frac{y}{a'}.$$

Si l'on appelle ψ l'angle que cette droite fait avec Ox, on a

$$\tang\psi = \frac{a'}{a},$$

c'est-à-dire, en négligeant les termes du deuxième ordre,

$$\psi = \frac{a'}{\cos\alpha}.$$

On a donc

$$\psi = -\frac{1}{l^2\omega}\left[\mu t - \left(\frac{l'^2}{l^2\omega}\right)^2 \varepsilon C g + \frac{1}{2}\varepsilon C g t^2 - \mu\frac{l'^2}{l^2\omega}\sin\left(\frac{l^2}{l'^2}\omega t\right) + \left(\frac{l'^2}{l^2\omega}\right)^2 \varepsilon C g \cos\left(\frac{l^2}{l'^2}\omega t\right)\right].$$

Les valeurs de ψ et de $a'' = \sin\alpha + a''_1$ définissent le mouvement du projectile autour de son centre de gravité.

Elles renferment des termes périodiques et des termes non périodiques.

8. Je considère la droite dont le mouvement serait défini par les termes non périodiques, de sorte qu'on aura pour cette droite

$$\psi = -\frac{1}{l^2\omega}\left[-\left(\frac{l'^2}{l^2\omega}\right)^2 \varepsilon C g + \mu t + \frac{1}{2}\varepsilon C g t^2\right],$$

$$a''_1 = \frac{l'^2\cos^2\alpha}{l^4\omega^2}(\mu + \varepsilon C g t).$$

Cette droite représente la position moyenne de l'axe du projectile. Je l'appellerai l'axe moyen. L'axe réel tourne autour de cet axe moyen : je l'appellerai l'axe vrai. J'appellerai encore pôle moyen et pôle vrai les extrémités de longueurs égales à l'unité portées sur ces deux axes à partir de l'origine.

Les formules qui précèdent montrent que l'axe moyen tourne autour de la verticale menée par le centre de gravité et que ce mouvement est uniformément varié. Il change de sens avec le sens de la rotation initiale du solide autour de son axe de figure, et il est d'autant plus lent que la vitesse de rotation initiale est plus grande.

Ce mouvement est l'analogue de celui qu'on appelle en Astronomie mouvement de précession.

Outre ce mouvement de rotation autour de la verticale, l'axe moyen possède un second mouvement, en vertu duquel il se rapproche ou s'éloigne de la verticale. Ce second mouvement est beaucoup plus lent que le premier si ω est grand, et son sens est indépendant du signe de ω, c'est-à-dire du sens de la rotation du solide autour de son axe de figure. La vitesse de ce mouvement est *constante*.

Ce mouvement est l'analogue de celui qu'on appelle en Astronomie variation séculaire de l'obliquité de l'écliptique.

9. Il reste à étudier le mouvement du pôle vrai autour du pôle moyen. De l'origine comme centre, je décris une sphère avec un rayon égal à l'unité. Soient P et p les points où les axes moyen et vrai percent cette sphère; OA et OB les rayons qui coïncident avec les axes Ox et Oz.

Fig. 1.

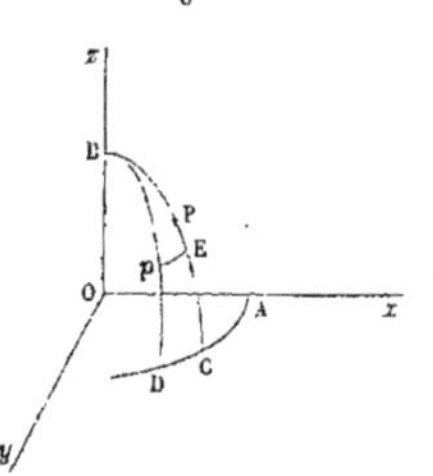

Je mène les axes de grand cercle BP et Bp qui percent le plan horizontal en C et D, puis l'arc de grand cercle ACD. Par le point p, je mène l'arc de petit cercle pE perpendiculaire à l'arc de grand cercle BP. Soit E le point d'intersection des deux arcs. Les arcs PE, pE étant très-petits peuvent être considérés comme rectilignes; je les appellerai ξ et η, et je compterai ξ positivement de P vers C, et η positivement de C vers D. Je cherche maintenant les valeurs de ξ et η.

L'arc BE étant égal à Bp, on a

$$\cos(\mathrm{BP}+\xi)=\sin\alpha+\frac{l'^2\cos^2\alpha}{l^4\omega^2}(\mu+\varepsilon\mathrm{C}gt)$$
$$-\frac{l'^2\cos^2\alpha}{l^4\omega^2}\left[\mu\cos\left(\frac{l^2}{l'^2}\omega t\right)+\frac{l'^2}{l^2\omega}\varepsilon\mathrm{C}g\sin\left(\frac{l^2}{l'^2}\omega t\right)\right],$$

ou

$$\cos\mathrm{BP}-\xi\sin\mathrm{BP}=\sin\alpha+\frac{l'^2\cos^2\alpha}{l^4\omega^2}(\mu+\varepsilon\mathrm{C}gt)$$
$$-\frac{l'^2\cos^2\alpha}{l^4\omega^2}\left[\mu\cos\left(\frac{l^2}{l'^2}\omega t\right)+\frac{l'^2}{l^2\omega}\varepsilon\mathrm{C}g\sin\left(\frac{l^2}{l'^2}\omega t\right)\right].$$

sin BP doit être remplacé par cos α, parce qu'il est multiplié par ξ, et

$$\cos\mathrm{BP}=\sin\alpha+\frac{l'^2\cos^2\alpha}{l^4\omega^2}(\mu+\varepsilon\mathrm{C}gt).$$

Donc

$$\xi=\frac{l'^2\cos\alpha}{l^4\omega^2}\left[\mu\cos\left(\frac{l^2}{l'^2}\omega t\right)+\frac{l'^2}{l^2\omega}\varepsilon\mathrm{C}g\sin\left(\frac{l^2}{l'^2}\omega t\right)\right].$$

D'autre part, on a

$$\eta=\mathrm{DC}\cos\alpha.$$

L'arc AD a même valeur que sa tangente à l'approximation convenue; donc

$$\eta=\frac{l'^2\cos\alpha}{l^4\omega^2}\left[\mu\sin\left(\frac{l^2}{l'^2}\omega t\right)-\frac{l'^2}{l^2\omega}\varepsilon\mathrm{C}g\cos\left(\frac{l^2}{l'^2}\omega t\right)\right].$$

En faisant la somme des carrés de ξ et η, on obtient

$$\xi^2+\eta^2=\frac{l'^4\cos^2\alpha}{l^8\omega^4}\left(\mu^2+\frac{l'^4}{l^4\omega^2}\varepsilon^2\mathrm{C}^2g^2\right),$$

quantité indépendante du temps. On en conclut que l'axe vrai tourne autour de l'axe moyen en décrivant autour de lui un cône de révolution. La durée de ce mouvement périodique est $2\pi\frac{l'^2}{l^2\omega}$, quantité très-petite si ω est grand. Il faut maintenant trouver le sens de ce mouvement. Il est déterminé par le signe de l'expression

$$\xi\frac{d\eta}{dt}-\eta\frac{d\xi}{dt}.$$

Cette expression a pour valeur

$$\frac{l'^2 \cos^2\alpha}{l^6 \omega^2}\left(\mu^2 + \frac{l'^4}{l^4 \omega^2}\varepsilon^2 C^2 g^2\right).$$

On en conclut que le sens de ce mouvement est le même que celui de la rotation du projectile autour de son axe de figure. De plus, la vitesse est constante et égale à $\frac{l^2\omega}{l'^2}$.

Le mouvement de l'axe vrai autour de l'axe moyen est l'analogue de celui qu'on appelle en Astronomie mouvement de nutation.

10. Le mouvement du solide autour de son centre de gravité étant maintenant connu, je vais déterminer le mouvement de ce point. Dans les valeurs de u, u', u'', je fais

$$\frac{dx}{dt} = v_0 \cos\alpha + \frac{dx_1}{dt}, \quad \frac{dz}{dt} = v_0 \sin\alpha - gt + \frac{dz_1}{dt},$$

$$\begin{aligned}
&a = \cos\alpha + a_1, && && a'' = \sin\alpha + a''_1,\\
&b = -\sin\alpha \sin\omega t + b_1, && b' = \cos\omega t, && b'' = \cos\alpha \sin\omega t + b''_1,\\
&c = -\sin\alpha \cos\omega t + c_1, && c' = -\sin\omega t, && c'' = \cos\alpha \cos\omega t + c''_1,
\end{aligned}$$

et je néglige les puissances des nouvelles variables supérieures à la première. J'obtiens ainsi

$$u = v_0 - gt \sin\alpha + \cos\alpha \frac{dx_1}{dt} + \sin\alpha \frac{dz_1}{dt} - a''_1 gt,$$

$$\begin{aligned}
u' = &-gt \cos\alpha \sin\omega t - \left(\sin\alpha \frac{dx_1}{dt} - \cos\alpha \frac{dz_1}{dt}\right)\sin\omega t\\
&+ \frac{dy}{dt}\cos\omega t + b_1 v_0 \cos\alpha + b''_1 (v_0 \sin\alpha - gt),
\end{aligned}$$

$$\begin{aligned}
u'' = &-gt \cos\alpha \cos\omega t - \left(\sin\alpha \frac{dx_1}{dt} - \cos\alpha \frac{dz_1}{dt}\right)\cos\omega t\\
&- \frac{dy}{dt}\sin\omega t + c_1 v_0 \cos\alpha + c''_1 (v_0 \sin\alpha - gt).
\end{aligned}$$

On obtient ensuite au même degré d'approximation

$$\Sigma\, \mathrm{VX}\, ds = \mathrm{A}(v_0 - gt \sin\alpha) + \mathrm{A}\left(\cos\alpha \frac{dx_1}{dt} + \sin\alpha \frac{dz_1}{dt}\right) - \mathrm{A}\, gt\, a''_1,$$

$$\Sigma\, \mathrm{VY}\, ds = -\mathrm{B}gt\cos\alpha\sin\omega t + \mathrm{B}\left(-\sin\alpha\frac{dx_1}{dt} + \cos\alpha\frac{dz_1}{dt}\right)\sin\omega t$$
$$+ \mathrm{B}\frac{dy}{dt}\cos\omega t + \mathrm{B}[b_1 v_0\cos\alpha + b''_1(v_0\sin\alpha - gt)] + \mathrm{C}r,$$

$$\Sigma\, \mathrm{VZ}\, ds = -\mathrm{B}gt\cos\alpha\cos\omega t + \mathrm{B}\left(-\sin\alpha\frac{dx_1}{dt} + \cos\alpha\frac{dz_1}{dt}\right)\cos\omega t$$
$$- \mathrm{B}\frac{dy}{dt}\sin\omega t + \mathrm{B}[c_1 v_0\cos\alpha + c''_1(v_0\sin\alpha - gt)] - \mathrm{C}q.$$

Portant ces valeurs et celles des cosinus dans les équations du mouvement, j'obtiens au deuxième ordre près, en tenant compte des relations précédemment trouvées,

$$b'_1 = 0, \quad c'_1 = 0, \quad a_1 = -a''_1\tan\alpha,$$
$$b_1\sin\omega t + c_1\cos\omega t = -\alpha''_1, \qquad b_1\cos\omega t - c_1\sin\omega t = -\alpha'\cos\alpha,$$
$$b''_1\sin\omega t + c''_1\cos\omega t = -\alpha''_1\tan\alpha, \quad b''_1\cos\omega t - c''_1\sin\omega t = -\alpha'\sin\alpha,$$
$$\frac{da''_1}{dt} = -\cos\alpha(q\cos\omega t - r\sin\omega t), \quad \frac{da'}{dt} = q\sin\omega t + r\cos\omega t,$$

les valeurs suivantes :

$$\frac{d^2x_1}{dt^2} = -\varepsilon\Big[\mathrm{A}\cos\alpha(v_0 - gt\sin\alpha) + \mathrm{B}\sin\alpha\cos\alpha . gt$$
$$+ \mathrm{A}\cos\alpha\left(\cos\alpha\frac{dx_1}{dt} + \sin\alpha\frac{dz_1}{dt}\right)$$
$$+ \mathrm{B}\sin\alpha\left(\sin\alpha\frac{dx_1}{dt} - \cos\alpha\frac{dz_1}{dt}\right)$$
$$+ (\mathrm{B}-\mathrm{A})(v_0\sin\alpha + gt\cos 2\alpha)\frac{a''_1}{\cos\alpha} - \mathrm{C}\tan\alpha\frac{da''_1}{dt}\Big],$$

$$\frac{d^2z_1}{dt^2} = -\varepsilon\Big[\mathrm{A}\sin\alpha(v_0 - gt\sin\alpha) - \mathrm{B}\cos^2\alpha . gt$$
$$+ \mathrm{A}\sin\alpha\left(\cos\alpha\frac{dx_1}{dt} + \sin\alpha\frac{dz_1}{dt}\right)$$
$$- \mathrm{B}\cos\alpha\left(\sin\alpha\frac{dx_1}{dt} - \cos\alpha\frac{dz_1}{dt}\right)$$
$$- (\mathrm{B}-\mathrm{A})(v_0 - 2gt\sin\alpha)a''_1 + \mathrm{C}\frac{da''_1}{dt}\Big],$$

$$\frac{d^2y}{dt^2} = +\varepsilon\left[(\mathrm{B}-\mathrm{A})(v_0 - gt\sin\alpha)a' - \mathrm{C}\frac{da'_1}{dt}\right].$$

11. Les deux premières valeurs peuvent s'écrire autrement. En ne prenant que les termes du premier ordre, on obtient

$$\cos\alpha \frac{d^2 x_1}{dt^2} + \sin\alpha \frac{d^2 z_1}{dt^2} = -\varepsilon A(v_0 - gt\sin\alpha),$$
$$\sin\alpha \frac{d^2 x_1}{dt^2} - \cos\alpha \frac{d^2 z_1}{dt^2} = -\varepsilon B . gt\sin\alpha;$$

d'où, en intégrant,

$$\cos\alpha \frac{dx_1}{dt} + \sin\alpha \frac{dz_1}{dt} = -\varepsilon A\left(v_0 t - \frac{1}{2} gt^2 \sin\alpha\right),$$
$$\sin\alpha \frac{dx_1}{dt} - \cos\alpha \frac{dz_1}{dt} = -\frac{1}{2}\varepsilon B\sin\alpha . gt^2.$$

En portant ces valeurs dans les équations, il vient

$$\begin{aligned}\frac{d^2 x_1}{dt^2} &= -\varepsilon[A v_0 \cos\alpha + (B - A) gt\sin\alpha\cos\alpha] \\ &\quad + \varepsilon^2\left[A^2 v_0 t\cos\alpha + \frac{1}{2}(B^2 - A^2) gt^2 \sin\alpha\cos\alpha\right] \\ &\quad + (B - A)(v_0 \sin\alpha - gt\cos 2\alpha)\frac{a''_1}{\cos\alpha} - C\tang\alpha \frac{da''_1}{dt}, \\ \frac{d^2 z_1}{dt^2} &= -\varepsilon[A v_0 \sin\alpha + (B\cos^2\alpha + A\sin^2\alpha) gt] \\ &\quad + \varepsilon^2\left[A^2 v_0 t\sin\alpha - \frac{1}{2}(B^2\cos^2\alpha + A^2\sin^2\alpha) gt^2\right] \\ &\quad - (B - A)(v_0 - 2gt\sin\alpha) a''_1 + C\frac{da''_1}{dt}.\end{aligned}$$

Ces formules permettent de calculer x_1 et z_1 et par suite x et z, parce que a''_1 et $\frac{da''_1}{dt}$ sont des fonctions connues du temps.

Dans le cas où la vitesse de rotation est considérable, ces fonctions restent toujours très-petites, comme cela a été démontré précédemment. On peut alors les supprimer et l'on obtient en intégrant deux fois :

$$\begin{aligned}x &= v_0 t\cos\alpha - \varepsilon\cos\alpha\left[\frac{1}{2} A v_0 t^2 + \frac{1}{6}(B - A) gt^3 \sin\alpha\right] \\ &\quad + \varepsilon^2\cos\alpha\left[\frac{1}{6} A^2 v_0 t^3 + \frac{1}{24}(B^2 - A^2) gt^4 \sin\alpha\right],\end{aligned}$$

$$z = v_0 t \sin\alpha - \frac{gt^2}{2} - \varepsilon\left[\frac{1}{2}\mathrm{A} v_0 t^2 \sin\alpha - \frac{1}{6}(\mathrm{B}\cos^2\alpha + \mathrm{A}\sin^2\alpha)gt^3\right]$$
$$+ \varepsilon^2\left[\frac{1}{6}\mathrm{A}^2 v_0 t^3 \sin\alpha - \frac{1}{24}(\mathrm{B}^2\cos^2\alpha + \mathrm{A}^2\sin^2\alpha)gt^4\right],$$

si le projectile est une sphère $\mathrm{B} = \mathrm{A}$. Les formules sont alors celles que l'on obtient quand on détermine le mouvement d'un point matériel pesant dans un milieu dont la résistance est proportionnelle à la vitesse et dirigée suivant la tangente à la trajectoire en sens contraire du mouvement. Les inconnues peuvent s'obtenir sous forme finie; mais si l'on développe les valeurs trouvées en séries ordonnées suivant les puissances croissantes du coefficient de résistance, les premiers termes sont exactement ceux qui représentent les valeurs ci-dessus de x et de z dans lesquelles on fait $\mathrm{B} = \mathrm{A}$.

12. Je considère la valeur de $\frac{d^2y}{dt^2}$,

$$\frac{d^2y}{dt^2} = \varepsilon\left[(\mathrm{B} - \mathrm{A})(v_0 - gt\sin\alpha)a' - \mathrm{C}\frac{da'}{dt}\right].$$

Cette formule montre qu'il y a une dérivation, et que cette dérivation est une conséquence de la rotation de l'axe du projectile autour de la verticale menée par le centre de gravité. Comme le sens de cette rotation change en même temps que celui de la rotation du projectile autour de son axe de figure, il en résulte qu'il en est de même de la dérivation.

Supposons que la vitesse de rotation soit considérable, on pourra alors dans a' et $\frac{da'}{dt}$ négliger les termes périodiques, lesquels déterminent le mouvement de nutation de l'axe. On obtient alors

$$\frac{d^2y}{dt^2} = \frac{\varepsilon\cos\alpha}{l^2\omega}\left[-(\mathrm{B} - \mathrm{A})(v_0 - gt\sin\alpha\left(\mu t + \frac{1}{2}\varepsilon\mathrm{C}gt^2\right) + \varepsilon\mathrm{C}^2 gt\right].$$

Considérons le cas où le projectile est plein; le centre de poussée coïncidant alors avec le centre de gravité, μ est nul, et l'on a, en ordonnant,

$$\frac{d^2y}{dt^2} = -\frac{1}{2}\cdot\frac{\varepsilon^2\cos\alpha}{l^2\omega}\left[-2\mathrm{C}^2 gt + (\mathrm{B} - \mathrm{A})\mathrm{C}v_0 gt^2 - (\mathrm{B} - \mathrm{A})\mathrm{C}g^2 t^3\sin\alpha\right],$$

d'où, en intégrant deux fois,

$$y = -\frac{1}{2}\cdot\frac{\varepsilon^2 C\cos\alpha}{l^2\omega}gt^3\left[-\frac{1}{3}C + \frac{1}{12}(B-A)v_0 t - \frac{1}{20}(B-A)gt^2\sin\alpha\right].$$

Dans les premiers instants la parenthèse a le signe de $-\frac{1}{3}C$; donc y a le signe de ω. Si, pour fixer les idées, je suppose ω négatif, comme c'est le cas pour les projectiles lancés par les canons rayés, la dérivation se fera d'abord à gauche; mais si v_0 est très-grand, et si de plus C et B — A sont de même signe, cette dérivation à gauche ne durera qu'un temps très-court, de sorte qu'elle pourra être insensible. Après une fraction très-petite de seconde, le projectile repassera par le plan du tir, et, à partir de cet instant, la dérivation se fera à droite. Si l'angle de tir α est petit, comme c'est le cas ordinaire, la formule devient sensiblement

$$y = -\frac{1}{24}\frac{\varepsilon^2 C(B-A)}{l^2\omega}v_0 gt^4\cos\alpha.$$

Pour une même bouche à feu, $\frac{v_0}{\omega}$ est constant; on en conclut que la dérivation produite au bout d'un temps donné est indépendante de la charge.

13. J'applique cette théorie à quelques exemples.

1° Le projectile est plein, homogène et à centre.

μ est nul, l'intégrale

$$C = \Sigma Y(Yx' - Xy')ds$$

est nulle également, parce que ses éléments sont deux à deux égaux et de signes contraires. Par conséquent, l'axe de figure restera parallèle à lui-même et la dérivation n'existera pas.

2° Le projectile est une sphère homogène, mais creuse.

La cavité est sphérique et son centre placé sur l'axe de rotation, mais en un point différent du centre du projectile.

Si le centre de la cavité est en avant du centre de la sphère, le centre de gravité se trouvera en arrière du centre de figure; μ sera donc positif. L'intégrale C se réduit à $\Sigma Y^2 x' ds$.

Cette quantité étant nulle quand l'origine est le centre de figure, devient positive quand elle est portée en arrière, parce que x' augmente. Ainsi μ et C sont positifs tous deux. Il en résulte que le sens du mouvement de précession est le contraire de celui de la rotation initiale. Les deux mouvements seraient de même sens si le centre de la cavité était en arrière du centre de la sphère.

La formule de dérivation se réduit dans ce cas à

$$\frac{d^2 y}{dt^2} = \frac{\varepsilon^2 C^2 \cos\alpha}{l^2 \omega} gt,$$

parce que $A = B$; elle montre que la dérivation a dans les deux cas le signe de ω. De plus, elle ne dépend pas de la vitesse initiale v_0.

3° Le projectile est formé d'un cylindre plein surmonté d'un hémisphère de même rayon.

Soient R et H le rayon et la hauteur du cylindre.

Calcul de $A = \Sigma X^2 ds$. — La partie de A qui correspond à la surface cylindrique est nulle, celle qui correspond à la base du cylindre est πR^2.

Pour avoir celle qui correspond à l'hémisphère, j'appellerai φ l'angle que la normale en un point d'un certain parallèle fait avec l'axe, et θ l'angle que le méridien qui passe en ce point fait avec yOx. On a alors

$$X = \cos\varphi, \quad ds = R^2 \sin\varphi \, d\varphi \, d\theta.$$

L'intégrale à calculer devient

$$\Sigma \cos^2\varphi . R^2 \sin\varphi \, d\varphi \, d\theta,$$

l'intégration par rapport à θ devant être faite entre o et 2π, et l'intégration par rapport à φ, entre o et $\frac{\pi}{2}$. On obtient ainsi $\frac{2}{3}\pi R^2$. Donc

$$A = \pi R^2 + \frac{2}{3}\pi R^2.$$

Calcul de $B = \Sigma Y^2 ds$. — La partie de B qui correspond à la surface du cylindre est

$$\Sigma \cos^2\theta \, d\theta \, R \, dx = \pi RH.$$

La partie qui correspond à l'hémisphère a pour expression

$$\Sigma \cos^2\theta \sin^2\varphi \, R^2 \sin\varphi \, d\varphi \, d\theta = \pi R^2 \int_0^{\frac{\pi}{2}} \sin^3\varphi \, d\varphi = \frac{2}{3}\pi R^2.$$

Donc

$$B = \pi RH + \frac{2}{3}\pi R^2.$$

Il en résulte

$$B - A = \pi R(H - R).$$

Calcul de $C = \Sigma Y(Yx' - Xy')ds$. — Cette intégrale se compose de deux termes, l'un qui dépend de la position du centre de gravité, l'autre qui n'en dépend pas. Je calcule d'abord le second, $\Sigma XYy'ds$.

Cette intégrale n'existe que pour l'hémisphère. On a, en conservant les mêmes notations,

$$y' = R\sin\varphi\cos\theta, \quad Y = \sin\varphi\cos\theta.$$

Donc

$$\Sigma XYy'ds = \pi R^3 \int_0^{\frac{\pi}{2}} \sin^3\varphi\cos\varphi\, d\varphi = \frac{\pi}{4}R^3.$$

Pour avoir l'autre terme, il faut d'abord déterminer la position du centre de gravité. Le centre de gravité g du cylindre est au milieu de l'axe, celui g' de l'hémisphère à une distance du plan de sa base égale à $\frac{3}{8}R$. Soit G le centre de gravité du solide entier, on a

$$\frac{Gg}{\frac{2}{3}R} = \frac{Gg'}{H} = \frac{\frac{1}{2}H + \frac{3}{8}R}{H + \frac{2}{3}R},$$

d'où

$$Gg = \frac{1}{3}R\,\frac{H + \frac{3}{4}R}{H + \frac{2}{3}R}.$$

La distance de la base de l'hémisphère au centre de gravité G est alors

$$\frac{1}{2}\,\frac{H^2 - \frac{1}{2}R^2}{H + \frac{2}{3}R}.$$

Il en résulte que l'abscisse d'un point de l'hémisphère est

$$x' = \frac{1}{2}\,\frac{H^2 - \frac{1}{2}R^2}{H + \frac{2}{3}R} + R\cos\varphi.$$

Calculons maintenant l'intégrale $\Sigma Y^2 x' ds$. Elle se compose d'une partie correspondant à la surface du cylindre. Cette partie est égale à

$$\Sigma \cos^2\theta\, x' R\, d\theta\, dx' = \pi R \int x' dx'.$$

En prenant les limites voulues, on obtient

$$-\pi R H \frac{1}{3} R \frac{H + \frac{3}{4}R}{H + \frac{2}{3}R}.$$

La partie qui correspond à l'hémisphère a pour valeur

$$\Sigma \sin^2\varphi \cos^2\theta \left(\frac{1}{2}\,\frac{H^2 - \frac{1}{2}R^2}{H + \frac{2}{3}R} + R\cos\varphi\right) R^2 \sin\varphi\, d\varphi\, d\theta$$

$$= \pi R^2 \int_0^{\frac{\pi}{2}} \sin^3\varphi \left(\frac{1}{2}\,\frac{H^2 - \frac{1}{2}R^2}{H + \frac{2}{3}R} + R\cos\varphi\right) d\varphi,$$

c'est-à-dire, en effectuant,

$$\frac{1}{3}\pi R^2 \frac{H^2 - \frac{1}{2}R^2}{H + \frac{2}{3}R} + \frac{1}{4}\pi R^3.$$

Donc

$$\Sigma Y^2 x' ds = 0.$$

Donc enfin on obtient pour C, toutes réductions faites,

$$C = -\frac{1}{4}\pi R^3.$$

C est négatif, $B - A$ est positif quand $H > R$. On en conclut, si ω est négatif, que l'axe du projectile est dévié vers la gauche et que la dérivation se fait à gauche. Si, au contraire, $H < R$, l'axe est encore dévié vers la gauche, mais la dérivation se fait à droite.

4° Je prends pour projectile un cylindre creux; la surface convexe a partout la même épaisseur, mais les deux bases ont des épaisseurs différentes.

Soient R et H le rayon et la hauteur du cylindre, a la distance du centre de gravité au point milieu de l'axe; a sera positif ou négatif suivant que l'épaisseur de la base antérieure sera supérieure ou inférieure à celle de la base postérieure.

On trouve aisément

$$B - A = \pi R (H - 2R), \quad C = -\pi R H a, \quad \mu = -K a,$$

K étant un coefficient positif. Par conséquent, si la base antérieure est plus épaisse que la base postérieure et si en même temps H dépasse 2R, l'axe du projectile tournera vers la gauche et la dérivation se fera vers la droite. Mais si H est égal ou inférieur à 2R, la dérivation se fera vers la gauche.

SECONDE PARTIE.

RÉSISTANCE PROPORTIONNELLE AU CUBE DE LA VITESSE.

Des expériences faites à Metz en 1856 et 1857 par la *Commission des principes du tir* ont fait connaître que la résistance de l'air sur des boulets sphériques pouvait être sensiblement représentée par une force unique dont l'intensité variait proportionnellement au cube de la vitesse du boulet. Il en sera ainsi si l'on suppose que chaque résistance élémentaire est proportionnelle au cube de la vitesse normale de l'élément sur lequel elle agit. Il y a donc intérêt à résoudre le problème en admettant cette nouvelle loi.

1. On démontre comme précédemment que si l'on représente par V

l'expression

$$(u + qz' - ry')X + (u' + rx' - pr')Y + (u'' + py' - qx')Z,$$

les équations qui définissent le mouvement du projectile sont

$$\frac{d^2x}{dt^2} = -\varepsilon(a\Sigma V^3 X\,ds + b\Sigma V^3 Y\,ds + c\Sigma V^3 Z\,ds),$$

$$\frac{d^2y}{dt^2} = -\varepsilon(a'\Sigma V^3 X\,ds + b'\Sigma V^3 Y\,ds + c'\Sigma V^3 \Sigma\,ds),$$

$$\frac{d^2z}{dt^2} = -g - \varepsilon(a''\Sigma V^3 X\,ds + b''\Sigma V^3 Y\,ds + c''\Sigma V^3 Z\,ds);$$

$$l'^2\frac{dq}{dt} = (l'^2 - l^2)\omega r - \mu c'' - \varepsilon\Sigma V^3(Xz' - Zx')\,ds,$$

$$l'^2\frac{dr}{dt} = -(l'^2 - l^2)\omega q + \mu b'' - \varepsilon\Sigma V^3(Yx' - Xy')\,ds;$$

$$\frac{da}{dt} = br - cq, \qquad \frac{da'}{dt} = b'r - c'q, \qquad \frac{da''}{dt} = b''r - c''q;$$

$$\frac{db}{dt} = \omega c - ar, \qquad \frac{db'}{dt} = \omega c' - a'r, \qquad \frac{db''}{dt} = \omega c'' - a''r;$$

$$\frac{dc}{dt} = -\omega b + aq, \qquad \frac{dc'}{dt} = -\omega b' + a'q, \qquad \frac{dc''}{dt} = -\omega b'' + a''q,$$

expressions dans lesquelles u, u', u'' ont pour valeurs

$$u = a\frac{dx}{dt} + a'\frac{dy}{dt} + a''\frac{dz}{dt},$$

$$u' = b\frac{dx}{dt} + b'\frac{dy}{dt} + b''\frac{dz}{dt},$$

$$u'' = c\frac{dx}{dt} + c'\frac{dy}{dt} + c''\frac{dz}{dt}.$$

2. Développement des sommes :

$$V^3 = [uX + u'Y + u''Z + q(Xz' - Zx') + r(Yx' - Xy')]^3;$$

je développe ce cube : on sait que l'on a

$$(\Sigma a)^3 = \Sigma a^3 + 3\Sigma a^2 b + 6\Sigma abc.$$

On obtient alors

$$\begin{aligned}
V^3 = {} & u^3X^3 + u'^3Y^3 + u''^3Z^3 + 6uu'u''XYZ + q^3(Xz' - Zx')^3 + r^3(Yx' - Xy')^3 \\
& + 3u^2u'X^2Y + 3u^2u''X^2Z + 3uu'^2XY^2 + 3u'^2u''Y^2Z \\
& \qquad + 3uu''^2XZ^2 + 3u'u''^2YZ^2 \\
& + 3u^2q\,X^2(Xz' - Zx') + 3u'^2qY^2(Xz' - Zx') + 3u''^2qZ^2(Xz' - Zx') \\
& + 3u^2rX^2(Yx' - Xy') + 3u'^2rY^2(Yx' - Xy') + 3u''^2rZ^2(Yx' - Xy') \\
& + 3uq^2X(Xz' - Zx')^2 + 3u'q^2Y(Xz' - Zx')^2 + 3u''q^2Z(Xz' - Zx')^2 \\
& + 3ur^2X(Yx' - Xy')^2 + 3u'r^2Y(Yx' - Xy')^2 + 3u''r^2Z(Yx' - Xy')^2 \\
& + 3q^2r(Xz' - Zx')^2(Yx' - Xy') + 3qr^2(Xz' - Zx')(Yx' - Xy')^2 \\
& + 6u'u''qYZ(Xz' - Zx') + 6uu''qXZ(Xz' - Zx') \\
& \qquad + 6uu'qXY(Xz' - Zx') \\
& + 6u'u''rYZ(Yx' - Xy') + 6uu''rXZ(Yx' - Xy') \\
& \qquad + 6uu'rXY(Yx' - Xy') \\
& + 6uqrX(Xz' - Zx')(Yx' - Xy') + 6u'qrY(Xz' - Zx')(Yx' - Xy') \\
& \qquad + 6u''qrZ(Xz' - Zx')(Yx' - Xy').
\end{aligned}$$

Pour avoir les sommes cherchées, il faut multiplier cette expression successivement par

$$X\,ds, \quad Y\,ds, \quad Z\,ds, \quad (Xz' - Zx')\,ds, \quad (Yx' - Xy')\,ds,$$

et intégrer sur toute la surface. On remarquera comme précédemment que les intégrales dont les éléments sont de degré impair par rapport à Y et y', ou bien par rapport à Z et z', sont nulles. On obtient

$$\begin{aligned}
\Sigma V^3X\,ds = {} & u^3\Sigma X^4ds + 3uu'^2\Sigma X^2Y^2ds + 3uu''^2\Sigma X^2Z^2ds \\
& \qquad + 6uu''q\Sigma X^2Z(Xz' - Zx')ds + 6uu'r\Sigma X^2Y(Yx' - Xy')ds \\
& + 3uq^2\Sigma X^2(Xz' - Zx')^2ds + 3ur^2\Sigma X^2(Yx' - Xy')ds,
\end{aligned}$$

$$\begin{aligned}
\Sigma V^3Y\,ds = {} & u'^3\Sigma Y^4ds + 3u^2u'\Sigma X^2Y^2ds + 3u'u''^2\Sigma Y^2Z^2ds \\
& \qquad + 3u^2r\Sigma X^2Y(Yx' - Xy')ds + 3u'^2r\Sigma Y^3(Yx' - Xy')ds \\
& + 3u''^2r\Sigma YZ^2(Yx' - Xy')ds + 6u'u''q\Sigma Y^2Z(Xz' - Zx')ds \\
& \qquad + 3u'q^2\Sigma Y^2(Xz' - Zx')^2ds + 3u'r^2\Sigma Y^2(Yx' - Xy')^2ds \\
& + 6u''qr\Sigma YZ(Xz' - Zx')(Yx' - Xy')ds \\
& \quad + r^3\Sigma Y(Yx' - Xy')^3ds + 3q^2r\Sigma Y(Xz' - Zx')^2(Yx' - Xy')ds,
\end{aligned}$$

$$\Sigma V^3 Z\,ds = u''^3 \Sigma Z^4 ds + 3u^2 u'' \Sigma X^2 Z^2 ds + 3u'^2 u'' \Sigma Y^2 Z^2 ds$$
$$+ 3u^2 q \Sigma X^2 Z(Xz' - Zx')\,ds + 3u'^2 q \Sigma Y^2 Z(Xz' - Zx')\,ds$$
$$+ 3u''^2 q \Sigma Z^3(Xz' - Zx')\,ds + 6u'u'' r \Sigma YZ^2(Yx' - Xy')\,ds$$
$$+ 3u'' q^2 \Sigma Z^2(Xz' - Zx')^2 ds + 3u'' r^2 \Sigma Z^2(Yx' - Xy')^2 ds$$
$$+ 6u' qr \Sigma YZ(Xz' - Zx')(Yx' - Xy')\,ds + q^3 \Sigma Z(Xz' - Zx')^3 ds$$
$$+ 3qr^2 \Sigma Z(Xz' - Zx')(Yx' - Xy')^2 ds,$$

$$\Sigma V^3(Xz' - Zx')\,ds = u''^3 \Sigma Z^3(Xz' - Zx')\,ds + 3u^2 u'' \Sigma X^2 Z(Xz' - Zx')\,ds$$
$$+ 3u'^2 u'' \Sigma Y^2 Z(Xz' - Zx')\,ds$$
$$+ 3u^2 q \Sigma X^2(Xz' - Zx')^2 ds + 3u'^2 q \Sigma Y^2(Xz' - Zx')^2 ds$$
$$+ 3u''^2 q \Sigma Z^2(Xz' - Zx')^2 ds$$
$$+ 6u'u'' r \Sigma YZ(Yx' - Xy')(Xz' - Zx')\,ds$$
$$+ 3u'' q^2 \Sigma Z(Xz' - Zx')^3 ds$$
$$+ 3u'' r^2 \Sigma Z(Yx' - Xy')^2(Xz' - Zx')\,ds$$
$$+ 6u' qr \Sigma Y(Xz' - Zx')^2(Yx' - Xy')\,ds$$
$$+ q^3 \Sigma (Xz' - Zx')^4 ds$$
$$+ 3qr^2 \Sigma (Xz' - Zx')^2(Yx' - Xy')^2 ds,$$

$$\Sigma V^3(Yx' - Xy')\,ds = u'^3 \Sigma Y^3(Yx' - Xy')\,ds + 3u^2 u' \Sigma X^2 Y(Yx' - Xy')\,ds$$
$$+ 3u' u''^2 \Sigma YZ^2(Yx' - Xy')\,ds$$
$$+ 3u^2 r \Sigma X^2(Yx' - Xy')^2 ds + 3u'^2 r \Sigma Y^2(Yx' - Xy')^2 ds$$
$$+ 3u''^2 r \Sigma Z^2(Yx' - Xy')^2 ds$$
$$+ 6u'u'' q \Sigma YZ(Xz' - Zx')(Yx' - Xy')\,ds$$
$$+ 3u' q^2 \Sigma Y(Xz' - Zx')^2(Yx' - Xy')\,ds$$
$$+ 3u' r^2 \Sigma Y(Yx' - Xy')^3 ds$$
$$+ 6u'' qr \Sigma Z(Xz' - Zx')(Yx' - Xy')^2 ds$$
$$+ r^3 \Sigma (Yx' - Xy')^4 ds$$
$$+ 3q^2 r \Sigma (Xz' - Zx')^2(Yx' - Xy')^2 ds.$$

3. Les deux remarques suivantes permettent de simplifier ces expressions.

1° Les intégrales dont les éléments ne diffèrent que par le changement de Y et y' en Z et z', et réciproquement, sont égales.

2° Les intégrales dont les éléments sont du quatrième degré par rapport à Y et y' ou bien par rapport à Z et z' se ramènent à des intégrales dont les éléments sont du deuxième degré par rapport à ces variables. En effet, soient M un point appartenant au parallèle dont le

Fig. 2.

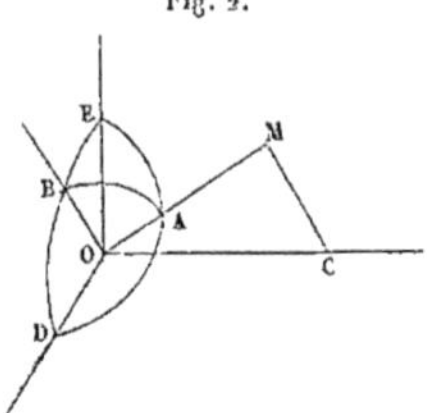

centre est C; MO la normale en ce point qui rencontre l'axe en O; OB la projection de cette normale sur le plan perpendiculaire à l'axe; OD et OE des parallèles aux axes menées par le point O.

Du point O comme centre je décris une sphère de rayon égal à l'unité. Soient A, B, D, E les points où elle est rencontrée par les droites passant en O; je mène les arcs de grands cercles AB, AE, AD, DBE. Soient maintenant φ l'angle que la normale fait avec l'axe et θ l'angle que le méridien du point M fait avec le plan y' O x'. Il est visible que

$$AB = \frac{\pi}{2} - \varphi, \quad \cos AD = Y, \quad \cos AE = Z, \quad BD = \theta, \quad EB = \frac{\pi}{2} - \theta.$$

Les deux triangles sphériques ABD, ABE donnent

$$Y = \sin\varphi \cos\theta, \quad Z = \sin\varphi \sin\theta.$$

On a d'ailleurs

$$X = \cos\varphi, \quad y' = \rho\cos\theta, \quad z' = \rho\sin\theta,$$

en appelant ρ le rayon MC. L'élément de surface est un petit rectangle dont les côtés sont les différentielles des arcs du parallèle et du méridien passant par le point M; l'arc de parallèle a pour différentielle $\rho d\theta$ et celui du méridien $\frac{dx'}{\sin\varphi}$; donc

$$ds = \frac{\rho\, d\theta\, dx'}{\sin\varphi}.$$

Considérons maintenant l'intégrale $\Sigma Y^4 ds$; elle devient

$$\Sigma \cos^4\theta\, d\theta \sin^3\varphi\, \rho\, dx' = \int_0^{2\pi} \cos^4\theta\, d\theta \int \sin^3\varphi\, \rho\, dx';$$

or, en intégrant par parties, on trouve

$$\int_0^{2\pi} \cos^4\theta\, d\theta = 3\int_0^{2\pi} \sin^2\theta \cos^2\theta\, d\theta;$$

on en conclut

$$\Sigma Y^4 ds = 3\Sigma Y^2 Z^2 ds.$$

On démontre de même que

$$\Sigma Y^3 (Yx' - Xy')\, ds = 3\Sigma YZ^2 (Yx' - Xy')\, ds,$$
$$\Sigma Y^2 (Yx' - Xy')^2\, ds = 3\Sigma Y^2 (Xz' - Zx')^2\, ds,$$
$$\Sigma Y (Yx' - Xy')^3\, ds = 3\Sigma Y (Xz' - Zx')(Yx' - Xy')\, ds,$$
$$\Sigma (Yx' - Xy')^4\, ds = 3\Sigma (Xz' - Zx')^2 (Yx' - Xy')\, ds.$$

Enfin

$$\Sigma YZ (Xz' - Zx')(Yx' - Xy')\, ds = -\Sigma Y^2 (Xz' - Zx')^2\, ds.$$

En effet, la surface étant de révolution, on a en chaque point

$$\frac{Y}{y'} = \frac{Z}{z'}, \quad \text{d'où} \quad \frac{Yx'}{Xy'} = \frac{Zx'}{Xz'},$$

d'où

$$\frac{Yx' - Xy'}{Y} = \frac{Zx' - Xz'}{Z},$$

et par suite

$$Z(Yx' - Xy') = Y(Zx' - Xz').$$

Donc on a en chaque point

$$YZ(Xz' - Zx')(Yx' - Xy') = -Y^2(Zx' - Xz')^2,$$

et par conséquent

$$\Sigma YZ (Xz' - Zz')(Yx' - Xy')\, ds = -\Sigma Y^2 (Zx' - Xz')^2\, ds.$$

4. Je pose maintenant

$$\Sigma X^4 ds = A,\quad \Sigma X^2 Y^2 ds = B,\quad \Sigma Y^2 Z^2 dt = C,\quad \Sigma X^2 Y (Yx' - Xy') ds = D,$$
$$\Sigma Y Z^2 (Yx' - Xy') ds = E,\quad \Sigma X^2 (Yx' - Xy')^2 ds = F,\quad \Sigma Z^2 (Yx' - Xy')^2 ds = G,$$
$$\Sigma Y (Yx' - Xy')(Xz' - Zx')^2 ds = H,\quad \Sigma (Yx' - Xy')^2 (Xz' - Zx')^2 ds = K.$$

Ces coefficients définissent le projectile; les trois premiers A, B, C représentent des surfaces, leurs valeurs dépendent seulement de la surface du projectile. Les autres coefficients dépendent de la position du centre de gravité.

Les expressions qui précèdent deviennent

$$\Sigma V^3 X ds = A u^3 + 3 B u u'^2 + 3 B u u''^2 - 6 D u u'' q + 6 D u u' r + 3 F u q^2 + 3 F u r^2,$$

$$\Sigma V^3 Y ds = 3 C u'^3 + 3 B u^2 u' + 3 C u' u''^2 + 3 D u^2 r + 9 E u'^2 r + 3 E u''^2 r - 6 E u' u'' q$$
$$+ 3 G u' q^2 + 9 G u' r^2 - 6 G u'' q r + 3 H r^3 + 3 H q^2 r,$$

$$\Sigma V^3 Z ds = 3 C u''^3 + 3 B u^2 u'' + 3 C u'^2 u'' - 3 D u^2 q - 3 E u'^2 q - 9 E u''^2 q + 6 E u' u'' r$$
$$+ 9 G u'' q^2 + 3 G u'' r^2 - 6 G u' q r - 3 H q^3 - 3 H q r^2,$$

$$\Sigma V^3 (Xz' - Zx') ds = - 3 E u''^3 - 3 D u^2 u'' - 3 E u'^2 u'' + 3 F u^2 q + 3 G u'^2 q$$
$$+ 9 G u''^2 q - 6 G u' u'' r - 9 H u'' q^2 - 3 H u'' r^2 + 6 H u' q r$$
$$+ 3 K q^3 + 3 K q r^2,$$

$$\Sigma V^3 (Yx' - Xy') ds = 3 E u'^3 + 3 D u^2 u' + 3 E u' u''^2 + 3 F u^2 r + 9 G u'^2 r + 3 G u''^2 r$$
$$- 6 G u' u'' q + 3 H u' q^2 + 9 H u' r^2 - 6 H u'' q r + 3 K r^3$$
$$+ 3 K q^2 r.$$

Les équations du mouvement étant maintenant connues, je me propose, comme dans la première Partie, de déterminer le mouvement de rotation du solide autour de son centre de gravité, en négligeant les puissances de ε et μ supérieures à la première, et cela me permettra d'avoir x, y, z, en ne négligeant que les puissances de ε et μ supérieures à la seconde.

5. Les équations aux cosinus peuvent, en négligeant les termes

d'ordre supérieur au premier, être remplacées par les suivantes :

$$a_1 = - a''_1 \tang \alpha,$$

$$\frac{da'}{dt} = q \sin \omega t + r \cos \omega t, \quad \frac{da''_1}{dt} = - \cos \alpha (q \cos \omega t - r \sin \omega t),$$

$$b_1 \sin \omega t + c_1 \cos \omega t = - a''_1, \quad b''_1 \sin \omega t + c''_1 \cos \omega t = - a''_1 \tang \alpha,$$

$$b_1 \cos \omega t - c_1 \sin \omega t = - a' \cos \alpha, \quad b''_1 \cos \omega t - c''_1 \sin \omega t = - a' \sin \alpha,$$

$$b'_1 = 0, \quad c'_1 = 0,$$

ces variables ayant le même sens que dans le premier problème.

6. Pour déterminer $q \sin \omega t + r \cos \omega t$ et $q \cos \omega t - r \sin \omega t$ au premier ordre près, il faut négliger ε et μ dans $\Sigma V^3 (Xz' - Zx')\, ds$ et $\Sigma V^3 (Yx' - Xy')\, ds$; on obtient

$$\Sigma V^3 (Xz' - Zx') ds = 3 [D(v_0 - gt \sin \alpha)^2 + E g^2 t^2 \cos^2 \alpha] gt \cos \alpha \cos \omega t,$$

$$\Sigma V^3 (Yx' - Xy') ds = 3 [D(v_0 - gt \sin \alpha)^2 + E g^2 t^2 \cos^2 \alpha] gt \cos \alpha \sin \omega t.$$

Les équations aux rotations sont alors

$$\frac{dq}{dt} = \frac{l'^2 - l^2}{l'^2} \omega r - \frac{1}{l'^2} \{ \mu + 3\varepsilon [D(v_0 - gt \sin \alpha)^2 + E g^2 t^2 \cos^2 \alpha] gt \} \cos \alpha \sin \omega t,$$

$$\frac{dr}{dt} = - \frac{l'^2 - l^2}{l'^2} \omega q + \frac{1}{l'^2} \{ \mu + 3\varepsilon [D(v_0 - gt \sin \alpha)^2 + E g^2 t^2 \cos^2 \alpha] gt \} \cos \alpha \sin \omega t.$$

Je pose

$$\frac{\cos \alpha}{l'^2} \{ \mu + 3\varepsilon gt [D(v_0 - gt \sin \alpha)^2 + E g^2 t^2 \cos^2 \alpha] \} = f(t);$$

$f(t)$ est donc une fonction du troisième degré par rapport à t.

Les deux équations à intégrer sont alors

$$\frac{dq}{dt} = \frac{l'^2 - l^2}{l'^2} \omega r - f(t) \cos \omega t,$$

$$\frac{dr}{dt} = - \frac{l'^2 - l^2}{l'^2} \omega q + f(t) \sin \omega t.$$

Je pose

$$q = M \sin \left(\frac{l'^2 - l^2}{l'^2} \omega t \right) + M' \cos \left(\frac{l'^2 - l^2}{l'^2} \omega t \right),$$

$$r = M \cos \left(\frac{l'^2 - l^2}{l'^2} \omega t \right) - M' \sin \left(\frac{l'^2 - l^2}{l'^2} \omega t \right).$$

M et M' étant deux nouvelles variables, on déduit de là

$$q \sin \omega t + r \cos \omega t = \mathrm{M} \cos\left(\frac{l^2}{l'^2}\omega t\right) + \mathrm{M}' \sin\left(\frac{l^2}{l'^2}\omega t\right),$$

$$q \cos \omega t - r \sin \omega t = -\mathrm{M} \sin\left(\frac{l^2}{l'^2}\omega t\right) + \mathrm{M}' \cos\left(\frac{l^2}{l'^2}\omega t\right).$$

Les équations différentielles deviennent

$$\sin\left(\frac{l'^2 - l^2}{l'^2}\omega t\right)\frac{d\mathrm{M}}{dt} + \cos\left(\frac{l'^2 - l^2}{l'^2}\omega t\right)\frac{d\mathrm{M}'}{dt} = -f(t)\cos\omega t,$$

$$\cos\left(\frac{l'^2 - l^2}{l'^2}\omega t\right)\frac{d\mathrm{M}}{dt} - \sin\left(\frac{l'^2 - l^2}{l'^2}\omega t\right)\frac{d\mathrm{M}'}{dt} = f(t)\sin\omega t,$$

équations qui peuvent être remplacées par les suivantes :

$$\frac{d\mathrm{M}}{dt} = f(t)\sin\left(\frac{l^2}{l'^2}\omega t\right),$$

$$\frac{d\mathrm{M}'}{dt} = -f(t)\cos\left(\frac{l^2}{l'^2}\omega t\right).$$

En intégrant par parties on trouve, en posant

$$f(t) - \left(\frac{l'^2}{l^2\omega}\right)^2 f''(t) = \varphi(t),$$

$$\mathrm{M} = -\frac{l'^2}{l^2\omega}\varphi(t)\cos\left(\frac{l^2}{l'^2}\omega t\right) + \left(\frac{l'^2}{l^2\omega}\right)^2\varphi'(t)\sin\left(\frac{l^2}{l'^2}\omega t\right) + \frac{l'^2}{l^2\omega}\varphi(0),$$

$$\mathrm{M}' = -\frac{l'^2}{l^2\omega}\varphi(t)\sin\left(\frac{l^2}{l'^2}\omega t\right) - \left(\frac{l'^2}{l^2\omega}\right)^2\varphi'(t)\cos\left(\frac{l^2}{l'^2}\omega t\right) + \left(\frac{l'^2}{l^2\omega}\right)^2\varphi'(0).$$

Ces valeurs donnent les suivantes :

$$q \sin \omega t + r \cos \omega t$$
$$= -\frac{l'^2}{l^2\omega}\varphi(t) + \frac{l'^2}{l^2\omega}\varphi(0)\cos\left(\frac{l^2}{l'^2}\omega t\right) + \left(\frac{l'^2}{l^2\omega}\right)^2\varphi'(0)\sin\left(\frac{l^2}{l'^2}\omega t\right),$$

$$q \cos \omega t - r \sin \omega t$$
$$= -\left(\frac{l'^2}{l^2\omega}\right)^2\varphi'(t) - \frac{l'^2}{l^2\omega}\varphi(0)\sin\left(\frac{l^2}{l'^2}\omega t\right) + \left(\frac{l'^2}{l^2\omega}\right)^2\varphi'(0)\cos\left(\frac{l^2}{l'^2}\omega t\right).$$

En se reportant aux valeurs des cosinus, on obtient

$$\frac{da'}{dt} = -\frac{l'^2}{l^2\omega}\varphi(t) + \frac{l'^2}{l^2\omega}\varphi(\text{o})\cos\left(\frac{l^2}{l'^2}\omega t\right) + \left(\frac{l'^2}{l^2\omega}\right)^2\varphi'(\text{o})\sin\left(\frac{l^2}{l'^2}\omega t\right);$$

$$\frac{da''_1}{dt} = \cos\alpha\left[\left(\frac{l'^2}{l^2\omega}\right)^2\varphi'(t) + \frac{l'^2}{l^2\omega}\varphi(\text{o})\sin\left(\frac{l^2}{l'^2}\omega t\right) - \left(\frac{l'^2}{l^2\omega}\right)^2\varphi'(\text{o})\cos\left(\frac{l^2}{l'^2}\omega t\right)\right].$$

Intégrant, on a, pour a' et a''_1,

$$a' = -\frac{l'^2}{l^2\omega}\int_0^t \varphi(t)\,dt + \left(\frac{l'^2}{l^2\omega}\right)^3\varphi'(\text{o})$$
$$+\left(\frac{l'^2}{l^2\omega}\right)^2\varphi(\text{o})\sin\left(\frac{l^2}{l'^2}\omega t\right) - \left(\frac{l'^2}{l^2\omega}\right)^2\varphi'(\text{o})\cos\left(\frac{l^2}{l'^2}\omega t\right),$$

$$a''_1 = \left(\frac{l'^2}{l^2\omega}\right)^2\cos\alpha\left[\varphi(t) - \varphi(\text{o})\cos\left(\frac{l^2}{l'^2}\omega t\right) - \frac{l'^2}{l^2\omega}\varphi'(\text{o})\sin\left(\frac{l^2}{l'^2}\omega t\right)\right].$$

Si l'on appelle ψ l'angle que la projection de l'axe sur le plan yOx fait avec Ox, on a, pour définir le mouvement de l'axe, les deux relations

$$\psi = -\frac{l'^2}{l^2\omega\cos\alpha}\left[\int_0^t \varphi(t)\,dt - \left(\frac{l'^2}{l^2\omega}\right)^2\varphi'(\text{o})\right.$$
$$\left. - \frac{l'^2}{l^2\omega}\varphi(\text{o})\sin\left(\frac{l^2}{l'^2}\omega t\right) + \left(\frac{l'^2}{l^2\omega}\right)^2\varphi'(\text{o})\cos\left(\frac{l^2}{l'^2}\omega t\right)\right],$$

$$a''_1 = \cos\alpha\left(\frac{l'^2}{l^2\omega}\right)^2\left[\varphi(t) - \varphi(\text{o})\cos\left(\frac{l^2}{l'^2}\omega t\right) - \frac{l'^2}{l^2\omega}\varphi'(\text{o})\sin\left(\frac{l^2}{l'^2}\omega t\right)\right].$$

7. La position de l'axe moyen est définie par les deux expressions

$$\psi = -\frac{l'^2}{l^2\omega\cos\alpha}\left[\int_0^t \varphi(t)\,dt - \left(\frac{l'^2}{l^2\omega}\right)^2\varphi'(\text{o})\right],$$
$$a''_1 = \left(\frac{l'^2}{l^2\omega}\right)^2\cos\alpha\,\varphi(t).$$

La variation de ψ détermine le mouvement de précession. On voit que ce mouvement change de sens en même temps que la rotation du solide autour de son axe, et si la vitesse de rotation ω est très-grande, il est très-petit.

La valeur a''_1 montre que l'axe s'éloigne ou se rapproche de la verticale, et le sens de ce mouvement ne dépend pas du signe de ω; de plus, si la vitesse de rotation ω est très-grande, ce mouvement est beaucoup plus lent que le précédent.

Le mouvement du pôle vrai autour du pôle moyen est défini comme dans la première partie par les deux valeurs suivantes :

$$\xi = \left(\frac{l'^2}{l^2\omega}\right)^2 \left[\varphi(0)\cos\left(\frac{l^2}{l'^2}\omega t\right) + \frac{l'^2}{l^2\omega}\varphi'(0)\sin\left(\frac{l^2}{l'^2}\omega t\right)\right],$$

$$\eta = \left(\frac{l'^2}{l^2\omega}\right)^2 \left[\varphi(0)\sin\left(\frac{l^2}{l'^2}\omega t\right) - \frac{l'^2}{l^2\omega}\varphi'(0)\cos\left(\frac{l^2}{l'^2}\omega t\right)\right].$$

D'où l'on déduit

$$\xi^2 + \eta^2 = \left(\frac{l'^2}{l^2\omega}\right)^4 \left[\varphi(0)^2 + \left(\frac{l'^2}{l^2\omega}\right)^2 \varphi'(0)^2\right],$$

$$\xi\frac{d\eta}{dt} - \eta\frac{d\xi}{dt} = \left(\frac{l'^2}{l^2\omega}\right)^3 \left[\varphi(0)^2 + \left(\frac{l'^2}{l^2\omega}\right)^2 \varphi'(0)^2\right].$$

Donc le pôle vrai décrit une circonférence autour du pôle moyen avec une vitesse constante. Cette vitesse est

$$\frac{l^2\omega}{l'^2}.$$

La durée de la révolution est

$$\frac{2\pi l'^2}{l^2\omega}.$$

Le sens de ce mouvement est le même que celui de la rotation du solide autour de son axe.

On voit par là que la nutation de l'axe est la même que pour le premier problème; il n'y a que le rayon du cercle qui soit changé.

Supposons ω très-grand, les formules qui définissent le mouvement de l'axe moyen pourront s'écrire

$$\psi = -\frac{l'^2}{l^2\omega\cos\alpha}\int_0^t f(t)\,dt, \quad a''_1 = \left(\frac{l'^2}{l^2\omega}\right)^2 \cos\alpha f(t),$$

ou, en remplaçant $f(t)$ par sa valeur,

$$\psi = -\frac{1}{l'\omega}\int_0^t \left\{ \mu + 3\varepsilon g t [\mathrm{D}(v_0 - gt\sin\alpha)^2 + \mathrm{E}g^2t^2\cos^2\alpha] \right\} dt,$$

$$a''_1 = \frac{l'^2\cos^2\alpha}{l'^4\omega^2}\left\{ \mu + 3\varepsilon g t [\mathrm{D}(v_0 - gt\sin\alpha)^2 + \mathrm{E}g^2t^2\cos^2\alpha] \right\}.$$

La valeur de ψ devient, en intégrant,

$$\psi = -\frac{1}{l'\omega}\left[\mu t + \frac{3\varepsilon}{2}\mathrm{D}v_0^2 g t^2 - 2\varepsilon \mathrm{D} v_0 g t^3 \sin\alpha + \frac{3}{4}\varepsilon(\mathrm{D}\sin^2\alpha + \mathrm{E}\cos^2\alpha) g^3 t^4 \right].$$

Dans les premiers instants, le sens du mouvement de précession sera déterminé par le signe μ; le temps augmentant, il dépendra des signes et des grandeurs des coefficients D et E.

Mouvement du centre de gravité.

8. Au premier ordre près, on a, comme dans le premier problème,

$$u = v_0 - gt\sin\alpha + \left(\cos\alpha\frac{dx_1}{dt} + \sin\alpha\frac{dz_1}{dt}\right) - a''_1 g t,$$

$$u' = -gt\cos\alpha\sin\omega t - \left(\sin\alpha\frac{dx_1}{dt} - \cos\alpha\frac{dz_1}{dt}\right)\sin\omega t + \frac{dy}{dt}\cos\omega t + b_1 v_0\cos\alpha + b''_1(v_0\sin\alpha - gt),$$

$$u'' = -gt\cos\alpha\cos\omega t - \left(\sin\alpha\frac{dx_1}{dt} - \cos\alpha\frac{dz_1}{dt}\right)\cos\omega t - \frac{dy}{dt}\sin\omega t + c_1 v_0\cos\alpha + c''_1(v_0\sin\alpha - gt).$$

On obtient ensuite, au même degré d'approximation,

$$\Sigma \mathrm{V}^2\mathrm{X}\,ds = 3\left\{ \frac{\mathrm{A}}{3}(v_0 - gt\sin\alpha)^3 + \mathrm{B}(v_0 - gt\sin\alpha) g^2 t^2\cos^2\alpha + [\mathrm{A}(v_0 - gt\sin\alpha)^2 + \mathrm{B}g^2t^2\cos^2\alpha]\left(\cos\alpha\frac{dx_1}{dt} + \sin\alpha\frac{dz_1}{dt}\right)\right.$$

$$+ 2B(v_0 - gt\sin\alpha)gt\cos\alpha\left(\sin\alpha\frac{dx_1}{dt} - \cos\alpha\frac{dz_1}{dt}\right)$$

$$- [(A - 2B)(v_0 - gt\sin\alpha)^2 + Bg^2t^2\cos^2\alpha]gt\,a''_1$$

$$- 2D(v_0 - gt\sin\alpha)gt\frac{da''_1}{dt}\Big\},$$

$$\Sigma V^3 Y ds = 3\Big\{ - [B(v_0 - gt\sin\alpha)^2 + Cg^2t^2\cos^2\alpha]gt\cos\alpha\sin\omega t$$

$$- [B(v_0 - gt\sin\alpha)^2 + 3Cg^2t^2\cos^2\alpha]\left(\sin\alpha\frac{dx_1}{dt} - \cos\alpha\frac{dz_1}{dt}\right)\sin\omega t$$

$$- 2B(v_0 - gt\sin\alpha)gt\cos\alpha\left(\cos\alpha\frac{dx_1}{dt} + \sin\alpha\frac{dz_1}{dt}\right)\sin\omega t$$

$$+ [B(v_0 - gt\sin\alpha)^2 + Cg^2t^2\cos^2\alpha]\frac{dy}{dt}\cos\omega t$$

$$+ 2(B - C)(v_0 - gt\sin\alpha)g^2t^2\cos\alpha\,a''_1\sin\omega t$$

$$+ 2Eg^2t^2\cos\alpha\frac{da''_1}{dt}\sin\omega t$$

$$+ [B(v_0 - gt\sin\alpha)^2 + Cg^2t^2\cos^2\alpha][b_1v_0\cos\alpha + b''_1(v_0\sin\alpha - gt)]$$

$$+ [D(v_0 - gt\sin\alpha)^2 + Eg^2t^2\cos^2\alpha]r\Big\},$$

$$\Sigma V^3 Z ds = 3\Big\{ - [B(v_0 - gt\sin\alpha)^2 + Cg^2t^2\cos^2\alpha]gt\cos\alpha\cos\omega t$$

$$- [B(v_0 - gt\sin\alpha)^2 + 3Cg^2t^2\cos^2\alpha]\left(\sin\alpha\frac{dx_1}{dt} - \cos\alpha\frac{dz_1}{dt}\right)\cos\omega t$$

$$- 2B(v_0 - gt\sin\alpha)gt\cos\alpha\left(\cos\alpha\frac{dx_1}{dt} + \sin\alpha\frac{dz_1}{dt}\right)\cos\omega t$$

$$- [B(v_0 - gt\sin\alpha)^2 + Cg^2t^2\cos^2\alpha]\frac{dy}{dt}\sin\omega t$$

$$- 2(C - B)(v_0 - gt\sin\alpha)g^2t^2\cos\alpha\,a''_1\cos\omega t$$

$$+ 2Eg^2t^2\cos\alpha\frac{da''_1}{dt}\cos\omega t$$

$$+ [B(v_0 - gt\sin\alpha)^2 + Cg^2t^2\cos^2\alpha][c_1v_0\cos\alpha + c''_1(v_0\sin\alpha - gt)]$$

$$- [D(v_0 - gt\sin\alpha)^2 + Eg^2t^2\cos^2\alpha]q\Big\}.$$

Les équations du mouvement deviennent

$$\frac{d^2x_1}{dt^2} = -3\varepsilon\Bigg(\left[\frac{A}{3}(v_0 - gt\sin\alpha)^3 + B(v_0 - gt\sin\alpha)g^2t^2\cos^2\alpha\right]\cos\alpha$$

$$+ [B(v_0 - gt\sin\alpha)^2 + Cg^2t^2\cos^2\alpha]gt\sin\alpha\cos\alpha$$

$$
\begin{aligned}
&+\Big\{\left[A(v_0 - gt\sin\alpha)^2 + Bg^2t^2\cos^2\alpha\right]\cos\alpha \\
&\qquad + B(v_0 - gt\sin\alpha)\,2gt\sin\alpha\cos\alpha\Big\}\left(\cos\alpha\frac{dx_1}{dt} + \sin\alpha\frac{dz_1}{dt}\right) \\
&+\Big\{2B(v_0 - gt\sin\alpha)gt\cos^2\alpha \\
&\qquad + \left[B(v_0 - gt\sin\alpha)^2 + 3Cg^2t^2\cos^2\alpha\right]\sin\alpha\Big\}\left(\sin\alpha\frac{dx_1}{dt} - \cos\alpha\frac{dz_1}{dt}\right) \\
&+\Big\{3(C-B)(v_0 - gt\sin\alpha)g^2t^2\sin\alpha\cos\alpha + (C-B)g^3t^3\cos^3\alpha \\
&\qquad - \left(\frac{A}{3} - B\right)(v_0 - gt\sin\alpha)^3\operatorname{tang}\alpha - (A-3B)(v_0 - gt\sin\alpha)^2 gt\cos\alpha\Big\}a''_1 \\
&-\Big\{D(v_0 - gt\sin\alpha)^2\operatorname{tang}\alpha + 2D(v_0 - gt\sin\alpha)gt\cos\alpha \\
&\qquad + 3Eg^2t^2\sin\alpha\cos\alpha\Big\}\frac{da''_1}{dt}\Bigg),
\end{aligned}
$$

$$
\begin{aligned}
\frac{d^2z_1}{dt^2} = -3\varepsilon\Bigg(&\left[\frac{A}{3}(v_0 - gt\sin\alpha)^3 + B(v_0 - gt\sin\alpha)g^2t^2\cos^2\alpha\right]\sin\alpha \\
&- \left[B(v_0 - gt\sin\alpha)^2 + Cg^2t^2\cos^2\alpha\right]gt\cos^2\alpha \\
&+\Big\{\left[A(v_0 - gt\sin\alpha)^2 + Bg^2t^2\cos^2\alpha\right]\sin\alpha \\
&\qquad - B(v_0 - gt\sin\alpha)\,2gt\cos^2\alpha\Big\}\left(\cos\alpha\frac{dx_1}{dt} + \sin\alpha\frac{dz_1}{dt}\right) \\
&+\Big\{2B(v_0 - gt\sin\alpha)gt\sin\alpha\cos\alpha \\
&\qquad - \left[B(v_0 - gt\sin\alpha)^2 + 3Cg^2t^2\cos^2\alpha\right]\cos\alpha\Big\}\left(\sin\alpha\frac{dx_1}{dt} - \cos\alpha\frac{dz_1}{dt}\right) \\
&+\Big\{-3(C-B)(v_0 - gt\sin\alpha)g^2t^2\cos^2\alpha + (C-B)g^3t^3\cos^2\alpha\sin\alpha \\
&\qquad + \left(\frac{A}{3} - B\right)(v_0 - gt\sin\alpha)^3 - (A-3B)(v_0 - gt\sin\alpha)^2 gt\sin\alpha\Big\}a''_1 \\
&+\Big\{D(v_0 - gt\sin\alpha)^2 - 2D(v_0 - gt\sin\alpha)gt\sin\alpha \\
&\qquad + 3Eg^2t^2\cos^2\alpha\Big\}\frac{da''_1}{dt}\Bigg),
\end{aligned}
$$

$$
\begin{aligned}
\frac{d^2y}{dt^2} = -3\varepsilon\Big\{&\left[\left(\frac{A}{3} - B\right)(v_0 - gt\sin\alpha)^3 - (C-B)(v_0 - gt\sin\alpha)g^2t^2\cos^2\alpha\right]a' \\
&+ \left[D(v_0 - gt\sin\alpha)^2 + Eg^2t^2\cos^2\alpha\right]\frac{da'}{dt}\Big\}.
\end{aligned}
$$

Des valeurs de $\frac{d^2x_1}{dt^2}$ et $\frac{d^2z_1}{dt^2}$, on conclut, au premier ordre près, que

$$
\cos\alpha\frac{d^2x_1}{dt^2} + \sin\alpha\frac{d^2z_1}{dt^2} = -3\varepsilon\left[\frac{A}{3}(v_0 - gt\sin\alpha)^3 + B(v_0 - \sin\alpha)g^2t^2\cos^2\alpha\right],
$$

$$
\sin\alpha\frac{d^2x_1}{dt^2} - \cos\alpha\frac{d^2z_1}{dt^2} = -3\varepsilon\left[B(v_0 - gt\sin\alpha)^2 + Cg^2t^2\cos^2\alpha\right]gt\cos\alpha.
$$

D'où l'on déduit, en intégrant,

$$\cos\alpha \frac{dx_1}{dt} + \sin\alpha \frac{dz_1}{dt}$$

$$= -3\varepsilon t\left[\frac{A}{3}v_0^3 - \frac{1}{2}Av_0^2 gt\sin\alpha + \frac{1}{3}(A\sin^2\alpha + B\cos^2\alpha)v_0 g^2 t^2 - \frac{1}{4}\left(\frac{A}{3}\sin^2\alpha + B\cos^2\alpha\right)g^3 t^3 \sin\alpha\right],$$

$$\sin\alpha \frac{dx_1}{dt} - \cos\alpha \frac{dz_1}{dt}$$

$$= -3\varepsilon gt^2 \cos\alpha\left[\frac{1}{2}Bv_0^2 - \frac{2}{3}Bv_0 gt\sin\alpha + \frac{1}{4}(B\sin^2\alpha + C\cos^2\alpha)g^2 t^2\right].$$

Ce sont ces valeurs qu'il faut porter dans $\frac{d^2x_1}{dt^2}$ et $\frac{d^2z_1}{dt^2}$, car par là on ne néglige que des termes qui contiennent ε en facteur à des puissances supérieures à la deuxième.

a''_1 et $\frac{da''_1}{dt}$ étant des fonctions connues du temps, on est en mesure d'avoir x_1 et z_1 et par suite x et z.

9. Considérons la valeur de $\frac{d^2y}{dt^2}$. Cette valeur prouve qu'il y a une dérivation et que cette dérivation est une conséquence de la rotation du solide autour de la verticale qui passe par le centre de gravité. On a vu que a' et $\frac{da'}{dt}$ changent de signe en même temps que ω; on en conclut que la dérivation change de sens en même temps que la rotation du solide autour de son axe de figure.

La grandeur et le sens de la dérivation correspondant à une vitesse donnée dépendent d'ailleurs de la forme, des dimensions et du poids du projectile.

10. Il est facile de voir ce que sont à peu près les coefficients A, B, C, D, E pour les projectiles employés dans l'artillerie.

Ces projectiles sont formés d'un cylindre creux surmonté d'un solide de forme ogivale, de hauteur moindre que le cylindre, et terminé en avant par une face plane dont le rayon est à peu près la moitié de celui du cylindre. Cette partie ogivale est à peu près pleine; elle présente seulement une ouverture semblable au goulot d'une bouteille par laquelle on introduit de la poudre dans l'intérieur du boulet. Il résulte de cette disposition que le centre de gravité est plus près de la partie antérieure que si le projectile était plein. Le centre de poussée se trouvant alors en arrière du centre de gravité, μ est négatif.

D'autre part, les normales aux différents points de l'ogive font toutes des angles très-grands avec l'axe; donc X, qui représente le cosinus d'un quelconque de ces angles, est très-petit sur toute la surface ogivale. Examinons maintenant les coefficients.

$A = \Sigma X^4\, ds$ se compose des surfaces des deux bases et d'une partie correspondant à la surface ogivale; cette partie est très-petite, parce que tous les éléments qui la forment sont multipliés par X^4.

$B = \Sigma X^2 Y^2 ds$ correspond seulement à la partie ogivale; c'est un terme très-petit, parce que les éléments contiennent X^2 en facteur.

$C = \Sigma Y^2 Z^2 ds$ correspond à la surface cylindrique et à la surface ogivale. La valeur de C est du même ordre de grandeur que celle de A; c'est une fraction finie de la surface convexe du projectile.

$D = \Sigma X^2 Y (Yx' - Xy')\, ds$ correspond à la surface ogivale seulement. La valeur de ce coefficient dépend à la fois de la position du centre de gravité et de la surface de la partie ogivale. Cette valeur peut être positive ou négative, mais elle est toujours très-petite, les éléments qui la forment contenant tous X^2 ou X^3 en facteur.

$E = \Sigma Y Z^2 (Yx' - Xy')\, ds$ se compose d'une partie négative qui n'a de valeur que pour la partie ogivale, et d'une autre $\Sigma Y^2 Z^2 x' ds$, dont la valeur et le signe dépendent à la fois de la position du centre de gravité et de la surface convexe du projectile. Si le centre de gravité coïncidait avec le centre de gravité de la surface convexe, on aurait $\Sigma x' ds = o$. Je dis que, dans cette hypothèse, $\Sigma Y^2 Z^2 x' ds$ est négatif. En effet, si l'on appelle σ la différentielle de l'arc de méridien mené par un point donné, ρ le rayon du parallèle qui passe par ce point, φ l'angle que la normale fait avec l'axe, et θ l'angle du méridien avec le plan $y'Ox'$, on a

$$\Sigma Y^2 Z^2 x' ds = \Sigma \sin^4\varphi \cos^2\theta \sin^2\theta . \rho x' d\theta . \sigma$$

ou

$$\Sigma Y^2 Z^2 x' ds = \frac{1}{4}\pi \int \sin^4\varphi . \rho x' \sigma.$$

Or $2\pi \int \rho\sigma x'$ représente le moment de la surface convexe par rapport à l'origine; si l'origine est le centre de gravité de cette surface, on a

$$\int \rho\sigma x' = 0.$$

Or $\sin\varphi = 1$ pour la surface convexe du cylindre; les éléments diminués sont donc ceux qui correspondent à la surface ogivale : ces éléments sont positifs; il en résulte que $\int \sin^4\varphi . \rho x' \sigma$ est négatif, et par suite aussi $\Sigma Y^2 Z^2 x' ds$. J'ai raisonné dans l'hypothèse que le centre de gravité de la surface convexe coïncide avec le centre de gravité du solide; en réalité, le centre de gravité du solide se trouve en avant du centre de gravité de la surface convexe. Soit a la distance de ces deux points. Pour passer de la valeur $\Sigma Y^2 Z^2 x' ds$, correspondant au centre de gravité de la surface, à celle qui convient au centre de gravité du solide, il faut remplacer x' par $x' - a$; cela revient à ajouter à l'expression qui précède le terme négatif $- a\Sigma Y^2 Z^2 ds$.

Donc, en définitive, E est négatif.

Nous sommes en mesure maintenant de déterminer les sens des différents mouvements du projectile. Pour cela, nous supposerons que B et D sont nuls, et que E est négatif. A et C sont d'ailleurs essentiellement positifs.

La rayure des canons tournant de gauche à droite dans la partie supérieure pour un observateur placé à la culasse, il en résulte que ω est négatif. De plus, c'est un très-grand nombre; je prendrai donc les formules qui conviennent à ce cas.

Le mouvement de nutation est déterminé par la formule

$$\psi = -\frac{1}{l^2\omega}\left(\mu t + \frac{3}{4}\varepsilon E \cos^2\alpha . g^3 t^4\right);$$

μ et E étant négatifs, il en résulte que ψ a le signe de ω, c'est-à-dire qu'il est négatif. Donc l'axe du projectile est dévié à gauche du plan initial du tir.

Le changement d'obliquité de l'axe par rapport à la verticale est déterminé par la formule

$$a''_1 = \frac{l'^2 \cos^2\alpha}{l^4 \omega^2}(\mu + 3\varepsilon E g^3 t^4 \cos^2\alpha);$$

il en résulte que a''_1 est négatif. Le cosinus de l'angle que l'axe fait avec la verticale diminuant, il en résulte que la partie antérieure du projectile s'abaisse constamment.

Enfin, la dérivation est définie par la formule

$$\frac{d^2y}{dt^2} = -3\varepsilon\left\{\left[\frac{A}{3}(v_0 - gt\sin\alpha)^3 - C(v_0 - gt\sin\alpha)g^2t^2\cos^2\alpha\right]a' + Eg^2t^2\cos^2\alpha\frac{da'}{dt}\right\}.$$

Le multiplicateur de a' reste positif pendant toute la durée du mouvement, si, comme il faut le supposer, v_0 est grand ; parce qu'alors $\frac{A}{3}(v_0 - gt\sin\alpha)^2$ dépasse $Cg^2t^2\cos^2\alpha$; le second terme est positif, mais il est beaucoup plus petit que le premier, parce que le multiplicateur de $\frac{da'}{dt}$ ne contient pas v_0.

La dérivation a donc le signe du premier terme, c'est-à-dire le signe positif. Il résulte de là que le projectile se déplace vers la droite du plan du tir.

Tous ces résultats sont d'accord avec l'expérience.

Remarque. — Il arrive souvent que la dérivation se produit d'abord à gauche, puis, quelque temps après, elle se fait vers la droite. La formule de la dérivation rend très-bien compte de cette circonstance. J'ai supposé que D était nul. Cela n'a pas lieu en général. Si l'on suppose D positif, mais toujours très-petit, comme dans la valeur de a', il est multiplié par v_0^2; a' sera d'abord positif, puis, t augmentant, il deviendra négatif. Donc le projectile se tourne d'abord vers la droite, puis vers la gauche. Il s'ensuit que la dérivation se fait d'abord vers la gauche, puis vers la droite.

11. Il conviendrait maintenant de chercher la valeur numérique de la dérivation en prenant pour projectile un des boulets en usage dans l'artillerie, et pour lesquels il existe des tables de dérivation. Il m'a manqué pour cela de connaître la position du centre de gravité et les rayons de giration. Le profil intérieur du boulet est trop compliqué pour qu'il y ait lieu de chercher ces quantités par la géométrie, d'autant plus que la poudre qui remplit le boulet et les ailettes qui en garnissent la surface déplacent un peu le centre de gravité et changent les rayons de giration.

12. Je prends pour projectile un cylindre creux en fonte, de poids spécifique égal à 7 et ayant le même poids et à peu près les mêmes dimensions que le boulet de 12. Voici les dimensions :

Rayon de base extérieure....................	$R = 0^{m},059$
Rayon de base intérieure....................	$r = 0,04075$
Hauteur du cylindre........................	$H = 0,2$
Épaisseur de la paroi antérieure.............	$e = 0,05818$
Épaisseur de la paroi postérieure............	$e' = 0,019$
On trouve pour le poids....................	$P = 10^{kil},825$

Le centre de gravité est à $0^{m},10811$ de la base postérieure, ou bien à $0^{m},00811$ en avant du point milieu de l'axe. Les coefficients à calculer sont

$$l^2,\quad l'^2,\quad A = 2\pi R^4,\quad C = \frac{1}{4}\pi RH,\quad E = \frac{1}{4}\pi RHd,\quad \mu = \frac{\varpi g d}{P},\quad \varepsilon \text{ et } \omega.$$

Le coefficient ε se déduit des expériences de balistique faites sur des boulets sphériques. On a trouvé que la résistance de l'air sur un boulet sphérique de rayon R et animé de la vitesse v était

$$F = \frac{1}{7100}\pi R^2 v^2.$$

Je vais chercher une autre expression de cette force. Je prends pour axe des x la tangente à la trajectoire décrite par le centre de gravité; la vitesse normale d'un élément de surface ds étant vX, la résistance élémentaire est alors en valeur absolue

$$\varepsilon M v^2 X^2 ds,$$

et la composante de cette force parallèle à l'axe des x est

$$-\varepsilon M v^3 X^4 ds$$

en grandeur et en signe. La résistance totale est alors

$$-\varepsilon M v^3 \Sigma X^4 ds,$$

le signe Σ s'étendant à toute la surface de la sphère.

Soient ω l'angle que la normale fait avec l'axe de x, et θ l'angle que fait avec yox le plan méridien mené par le point considéré ; on trouve aisément que

$$ds = R^2 \sin\omega\, d\omega\, d\theta.$$

Donc la résistance a pour valeur

$$-\varepsilon M v^3 R^2 \Sigma \cos^4\omega \sin\omega\, d\omega\, d\theta,$$

l'intégration par rapport à θ devant être faite entre les limites o et 2π, et l'intégration par rapport à ω entre les limites o et π.

On obtient ainsi

$$-\frac{4}{5}\pi R^2 \varepsilon M v^3.$$

On a donc l'égalité

$$\frac{4}{5}\pi R^2 \varepsilon M v^3 = \frac{1}{7100}\pi R^2 v^3,$$

d'où

$$\varepsilon = \frac{1}{5680\,M} = \frac{g}{5680\,P}.$$

Le coefficient ω dépend de la vitesse initiale et de l'hélice du canon rayé. Dans le canon rayé de 12, le pas de l'hélice suivie par les ailettes est de 3 mètres. Ainsi, quand le boulet avance de 3 mètres, il fait un tour sur lui-même, il en résulte la vitesse de rotation $\omega = -\frac{2\pi}{3} v_0$.

La vitesse initiale v_0 est le plus souvent 307 mètres : c'est celle qu'on obtient avec une charge de 1 kilogramme de poudre.

Voici le tableau des valeurs numériques des coefficients :

$$l = -0{,}00811, \quad \log l^2 = \bar{3},32583, \quad \log l'^2 = \bar{3},72039,$$

$$\log A = \bar{2},33988, \quad \log C = \bar{3},96697, \quad \log(-E) = \bar{5},87599,$$

$$\log(-\mu) = \bar{5},31768, \quad \log\varepsilon = \bar{4},20283, \quad \log(-\omega) = 2,80820,$$

$$v_0 = 307, \quad \omega = -643.$$

13. Je calcule maintenant les différents mouvements du projectile.

1° Mouvement de nutation.

La durée d'une révolution de l'axe vrai autour de l'axe moyen est

$$-\frac{2\pi l'^2}{l^2\omega};$$

on trouve pour cette valeur $0^s,02424$.

Le rayon du cercle de nutation est

$$-\frac{l'^2}{l^4\omega^2}\mu\cos\alpha;$$

l'angle du cône de nutation, évalué en secondes, est alors

$$-\frac{l'^2}{l^4\omega^2}\frac{\mu\cos\alpha}{\sin 1''}.$$

On trouve pour cette valeur

$$0'',01214\cos\alpha.$$

On voit par là que le mouvement de nutation est tout à fait insensible. On est donc en droit de le négliger.

2° Mouvement de précession.

La formule est

$$\psi = -\frac{1}{l^2\omega}\left(\mu t + \frac{3}{4}\varepsilon E g^3 t^4 \cos^2\alpha\right)\frac{1}{\sin 1''}.$$

Je prends l'angle de tir $\alpha = 16°$. Il vient alors

$$\psi = -t\,\mathrm{N\,l}\,0,49808 - t^4\,\mathrm{N\,l}\,\bar{1},32477,$$

en représentant par N l a le nombre dont le logarithme est a. Si l'on donne à t les valeurs

$$5^s,\quad 10^s,\quad 15^s,$$

on trouve pour ψ les valeurs

$$-2'\,27'',75,\quad -35'\,43'',9,\quad -2°\,59',1.$$

3° Variation de l'obliquité de l'axe sur la verticale.

En appelant θ l'accroissement de l'angle que l'axe fait avec la verticale, on a

$$\cos(90-\alpha+\theta) = \sin\alpha + a''_1.$$

On en déduit

$$\theta = -\frac{a_1''}{\cos\alpha}.$$

Donc

$$\theta = -\frac{l'^2\cos\alpha}{l^4\omega^2}(\mu + 3\varepsilon E g^3 t^3 \cos^3\alpha).$$

On doit négliger le terme $-\frac{l'^2\cos\alpha}{l^4\omega^2}\mu$, qui n'est autre que le rayon du cercle de nutation ; il vient alors, en évaluant θ en secondes,

$$\theta = -\frac{3\,l'^2}{l^4\omega^2}\,\frac{\varepsilon E g^3\cos^2\alpha}{\sin 1''}\,t^3 \quad \text{ou} \quad \theta = t^3 \mathrm{N}\,\bar{1},24604.$$

Si l'on fait $t = 15^s$, on trouve $\theta = 54'',88$.

On voit que la variation d'obliquité de l'axe reste toujours très-petite ; il en résulte qu'on pourra la négliger dans le calcul de x_1 et z_1.

4° Dérivation.

La formule de la dérivation devient pour le projectile considéré, en y remplaçant a et $\frac{da'}{dt}$ par leurs valeurs dans lesquelles on a supprimé les termes périodiques,

$$\begin{aligned}\frac{d^2y}{dt^2} = 3\varepsilon \Big\{ &\left[\frac{A}{3}(v_0 - gt\sin\alpha)^3 - C(v_0 - gt\sin\alpha)g^2t^2\cos^2\alpha\right] \\ &\times \frac{\cos\alpha}{l^2\omega}\left(\mu t + \frac{3}{4}\varepsilon E\cos^2\alpha\, g^3 t^4\right) \\ &+ E g^2 t^2 \cos^3\alpha \frac{1}{l^2\omega}(\mu + 3\varepsilon E \cos^2\alpha\, g^3 t^3)\Big\},\end{aligned}$$

ou bien, en développant,

$$\begin{aligned}\frac{d^2y}{dt^2} = \frac{9}{4}\frac{\varepsilon^2 E g^3\cos^3\alpha}{l^2\omega}\Big[&\frac{A}{3}v_0^3 t^4 - A v_0^2 g t^5 \sin\alpha + (A\sin^2\alpha - C\cos^2\alpha)v_0 g^2 t^6 \\ &- \left(\frac{A}{3}\sin^2\alpha - C\cos^2\alpha\right)g^3 t^7 \sin\alpha + 4 E g^2 t^5 \cos^3\alpha\Big] \\ + \frac{3\varepsilon\mu\cos\alpha}{l^2\omega}\Big[&\frac{A}{3}v_0^3 t - A v_0^2 g t^2 \sin\alpha + (A\sin^2\alpha - C\cos^2\alpha)v_0 g^2 t^3 \\ &- \left(\frac{A}{3}\sin^2\alpha - C\cos^2\alpha\right)g^3 t^4 \sin\alpha + E g^2 t^2 \cos^3\alpha\Big].\end{aligned}$$

En intégrant on obtient successivement

$$\frac{dy}{dt} = \frac{9}{4}\,\frac{\varepsilon^2 \mathrm{E} g^3 \cos^3\alpha}{l^2\omega}\left[\frac{\mathrm{A}}{15}v_0^3 t^5 - \frac{1}{6}\mathrm{A}\,v_0^2 g t^6 \sin\alpha + \frac{1}{7}(\mathrm{A}\sin^2\alpha - \mathrm{C}\cos^2\alpha)v_0 g^2 t^7 - \frac{1}{8}\left(\frac{\mathrm{A}}{3}\sin^2\alpha - \mathrm{C}\cos^2\alpha\right)g^3 t^8 \sin\alpha + \frac{2}{3}\mathrm{E}g^2 t^6 \cos^2\alpha\right]$$

$$+ \frac{3\varepsilon\mu\cos\alpha}{l^2\omega}\left[\frac{\mathrm{A}}{6}v_0^3 t^2 - \frac{1}{3}\mathrm{A}\,v_0^2 g t^3 \sin\alpha + \frac{1}{4}(\mathrm{A}\sin^2\alpha - \mathrm{C}\cos^2\alpha)v_0 g^2 t^4 - \frac{1}{5}\left(\frac{\mathrm{A}}{3}\sin^2\alpha - \mathrm{C}\cos^2\alpha\right)g^3 t^5 \sin\alpha + \frac{1}{3}\mathrm{E}g^2 t^3 \cos^3\alpha\right],$$

$$y = \frac{9}{4}\,\frac{\varepsilon^2 \mathrm{E} g^3 \cos^3\alpha}{l^2\omega}\left[\frac{1}{90}\mathrm{A}\,v_0^3 t^6 - \frac{1}{42}\mathrm{A}\,v_0^2 g t^7 \sin\alpha + \frac{1}{56}(\mathrm{A}\sin^2\alpha - \mathrm{C}\cos^2\alpha)v_0 g^2 t^8 - \frac{1}{72}\left(\frac{\mathrm{A}}{3}\sin^2\alpha - \mathrm{C}\cos^2\alpha\right)g^3 t^9 \sin\alpha + \frac{2}{21}\mathrm{E}g^2 t^7 \cos^2\alpha\right]$$

$$+ \frac{3\varepsilon\mu\cos\alpha}{l^2\omega}\left[\frac{\mathrm{A}}{18}v_0^3 t^3 - \frac{1}{12}\mathrm{A}\,v_0^2 g t^4 \sin\alpha + \frac{1}{20}(\mathrm{A}\sin^2\alpha - \mathrm{C}\cos^2\alpha)v_0 g^2 t^5 - \frac{1}{30}\left(\frac{\mathrm{A}}{3}\sin^2\alpha - \mathrm{C}\cos^2\alpha\right)g^3 t^6 \sin\alpha + \frac{1}{12}\mathrm{E}g^2 t^4 \cos^2\alpha\right].$$

En remplaçant les coefficients par leurs valeurs numériques, on obtient

$$y = t^6\,\mathrm{N}\,\mathrm{l}\,\bar{5},27021 - t^7\,\mathrm{N}\,\mathrm{l}\,\bar{7},54601 - t^8\,\mathrm{N}\,\mathrm{l}\,\bar{9},98427 + t^9\,\mathrm{N}\,\mathrm{l}\,\overline{11},88460 - t^7\,\mathrm{N}\,\mathrm{l}\,\overline{13},26923$$
$$+ t^3\,\mathrm{N}\,\mathrm{l}\,\bar{3},39247 - t^4\,\mathrm{N}\,\mathrm{l}\,\bar{6},51337$$
$$- t^5\,\mathrm{N}\,\mathrm{l}\,\bar{8},85472 + t^6\,\mathrm{N}\,\mathrm{l}\,\overline{10},68810 - t^4\,\mathrm{N}\,\mathrm{l}\,\overline{12},39247.$$

Si l'on donne à t les valeurs

$$5^s,\quad 10^s,\quad 11^s,\quad 14^s,$$

on trouve pour y les valeurs

$$0^m,57,\quad 16^m,5,\quad 27^m,5,\quad 98^m,3.$$

Projection de la trajectoire sur le plan zox.

14. La projection de la trajectoire du centre de gravité sur le plan zox est déterminée par les valeurs de x et z. Dans les formules

en $\frac{d^2x_1}{dt^2}$ et $\frac{d^2z_1}{dt^2}$ du n° 8 (p. 41-42), je fais

$$B = 0 \quad \text{et} \quad D = 0;$$

j'obtiens alors

$$\begin{aligned}
\frac{d^2x_1}{dt^2} = -3\varepsilon \Big\{ & \frac{A}{3}(v_0 - gt\sin\alpha)^3\cos\alpha + Cg^3t^3\sin\alpha\cos^3\alpha \\
& + A(v_0 - gt\sin\alpha)^2\cos\alpha\left(\cos\alpha\frac{dx_1}{dt} + \sin\alpha\frac{dz_1}{dt}\right) \\
& - 3Cg^2t^2\sin\alpha\cos^2\alpha\left(\cos\alpha\frac{dz_1}{dt} - \sin\alpha\frac{dx_1}{dt}\right) \\
& + \Big[3C(v_0 - gt\sin\alpha)g^2t^2\sin\alpha\cos\alpha + Cg^3t^3\cos^2\alpha \\
& \quad - \frac{A}{3}(v_0 - gt\sin\alpha)\tang\alpha - A(v_0 - gt\sin\alpha)^2gt\cos\alpha\Big]a''_1 \\
& - 3Eg^2t^2\sin\alpha\cos\alpha\frac{da''_1}{dt}\Big\}.
\end{aligned}$$

$$\begin{aligned}
\frac{d^2z_1}{dt^2} = -3\varepsilon \Big\{ & \frac{A}{3}(v_0 - gt\sin\alpha)^3\sin\alpha - Cg^3t^3\cos^4\alpha \\
& + A(v_0 - gt\sin\alpha)^2\sin\alpha\left(\cos\alpha\frac{dx_1}{dt} + \sin\alpha\frac{dz_1}{dt}\right) \\
& + 3Cg^2t^2\cos^3\alpha\left(\cos\alpha\frac{dz_1}{dt} - \sin\alpha\frac{dx_1}{dt}\right) \\
& + \Big[-3C(v_0 - gt\sin\alpha)g^2t^2\cos^2\alpha + Cg^3t^3\cos^2\alpha\sin\alpha \\
& \quad + \frac{A}{3}(v_0 - gt\sin\alpha)^3 - A(v_0 - gt\sin\alpha)^2gt\sin\alpha\Big]a''_1 \\
& + 3Eg^2t^2\cos^2\alpha\frac{da''_1}{dt}\Big\}.
\end{aligned}$$

On en déduit

$$\begin{aligned}
& \cos\alpha\frac{d^2x_1}{dt^2} + \sin\alpha\frac{d^2z_1}{dt^2} \\
& = -3\varepsilon\Big\{\frac{A}{3}(v_0 - gt\sin\alpha)^3 + A(v_0 - gt\sin\alpha)^2\left(\cos\alpha\frac{dx_1}{dt} + \sin\alpha\frac{dz_1}{dt}\right) \\
& \qquad + [Cg^3t^3\cos^2\alpha - A(v_0 - gt\sin\alpha)^2gt]a''_1\Big\},
\end{aligned}$$

$$\begin{aligned}
& \cos\alpha\frac{d^2z_1}{dt^2} - \sin\alpha\frac{d^2x_1}{dt^2} \\
& = -3\varepsilon\Big\{-Cg^3t^3\cos^3\alpha + 3Cg^2t^2\cos^2\alpha\left(\cos\alpha\frac{dz_1}{dt} - \sin\alpha\frac{dx_1}{dt}\right) \\
& \qquad + \Big[-3C(v_0 - gt\sin\alpha)g^2t^2\cos\alpha + \frac{A}{3}(v_0 - gt\sin\alpha)^3\frac{1}{\cos\alpha}\Big]a''_1 \\
& \qquad + 3Eg^2t^2\cos\alpha\frac{da''_1}{dt}\Big\}.
\end{aligned}$$

En ne prenant que les termes du premier ordre, on obtient

$$\cos\alpha \frac{d^2x_1}{dt^2} + \sin\alpha \frac{d^2z_1}{dt^2} = -\varepsilon \mathrm{A}(v_0 - gt\sin\alpha)^3,$$

$$\cos\alpha \frac{d^2z_1}{dt^2} - \sin\alpha \frac{d^2x_1}{dt^2} = +3\varepsilon \mathrm{C} g^2 t^2 \cos^3\alpha;$$

d'où, en intégrant,

$$\cos\alpha \frac{dx_1}{dt} + \sin\alpha \frac{dz_1}{dt}$$

$$= -\varepsilon \mathrm{A}\left[v_0^3 t - \frac{3}{2} v_0^2 g t^2 \sin\alpha + v_0 g^2 t^3 \sin^2\alpha - \frac{1}{4} g^3 t^4 \sin^3\alpha\right],$$

$$\cos\alpha \frac{dz_1}{dt} - \sin\alpha \frac{dx_1}{dt} = +\frac{3}{4}\varepsilon \mathrm{C} g^3 t^4 \cos^3\alpha.$$

Ce sont ces valeurs qu'il faut porter dans les équations qui précèdent, car par là on ne néglige que des termes du troisième ordre.

Je remarque en outre que a''_1 et $\frac{da''_1}{dt}$, qui entrent comme facteurs dans plusieurs termes, restent extrêmement petits pendant toute la durée du trajet, puisque, d'après le calcul fait plus haut, l'accroissement de l'angle que l'axe de figure du projectile fait avec la verticale n'atteint pas une minute. On peut donc, sans erreur sensible, supprimer les termes qui contiennent a''_1 et $\frac{da''_1}{dt}$ en facteurs; il vient alors après réduction

$$\cos\alpha \frac{d^2x_1}{dt^2} + \sin\alpha \frac{d^2z_1}{dt^2}$$

$$= -\varepsilon \mathrm{A}\left[v_0^3 - 3v_0^2 gt\sin\alpha + 3v_0 g^2 t^2 \sin^2\alpha - g^3 t^3 \sin^3\alpha\right]$$

$$+ 3\varepsilon^2 \mathrm{A}^2\left[v_0^5 t - \frac{7}{2} v_0^4 g t^2 \sin\alpha + 5 v_0^3 g^2 t^3 \sin^2\alpha\right.$$

$$\left. - \frac{15}{2} v_0^2 g^3 t^4 \sin^3\alpha + \frac{3}{2} v_0 g^4 t^5 \sin^4\alpha - \frac{1}{4} g^5 t^6 \sin^5\alpha\right],$$

$$\cos\alpha \frac{d^2z_1}{dt^2} - \sin\alpha \frac{d^2x_1}{dt^2} = 3\varepsilon \mathrm{C} g^3 t^3 \cos^3\alpha - \frac{27}{4}\varepsilon^2 \mathrm{C}^2 g^5 t^6 \cos^5\alpha.$$

On a d'ailleurs, p. 13,

$$x = v_0 t\cos\alpha + x_1, \quad \text{et} \quad z = v_0 t\sin\alpha - \frac{1}{2} g t^2 + z_1;$$

donc

$$x \cos\alpha + z \sin\alpha = v_0 t - \frac{1}{2} g t^2 \sin\alpha + x_1 \cos\alpha + z_1 \sin\alpha,$$

$$z \cos\alpha + x \sin\alpha = - \frac{1}{2} g t^2 \cos\alpha + z_1 \cos\alpha - x_1 \sin\alpha.$$

On obtient alors, en intégrant les équations qui précèdent.

$$(1) \left\{ \begin{aligned} x \cos\alpha + z \sin\alpha = {} & v_0 t - \frac{1}{2} g t^2 \sin\alpha \\ & - \varepsilon A \left(\frac{1}{2} v_0^3 t^2 - \frac{1}{2} v_0^2 g t^3 \sin\alpha + \frac{1}{4} v_0 g^2 t^4 \sin^2\alpha - \frac{1}{20} g^3 t^5 \sin^3\alpha \right) \\ & + 3\varepsilon^2 A^2 \left(\frac{1}{6} v_0^5 t^3 - \frac{7}{24} v_0^4 g t^4 \sin\alpha + \frac{1}{4} v_0^3 g^2 t^5 \sin^2\alpha \right. \\ & \left. - \frac{1}{4} v_0^2 g^3 t^6 \sin^3\alpha + \frac{1}{28} v_0 g^4 t^7 \sin^4\alpha - \frac{1}{224} g^5 t^8 \sin^5\alpha \right), \end{aligned} \right.$$

$$(2) \quad z \cos\alpha - x \sin\alpha = - \frac{1}{2} g t^2 \cos\alpha + \frac{3}{20} \varepsilon C g^2 t^5 \cos^3\alpha - \frac{27}{224} \varepsilon^2 C^2 g^5 t^8 \cos^5\alpha.$$

Dans l'exemple numérique que j'ai choisi, si l'on donne à t une valeur de plus d'une seconde, on reconnaît que les termes du deuxième membre de l'équation (1) vont en croissant. Ce deuxième membre ne donne donc pas une valeur approchée de $x \cos\alpha + z \sin\alpha$, puisque les termes négligés sont plus grands que les termes conservés. Il est donc nécessaire de trouver par un autre procédé une valeur approchée de $x \cos\alpha + z \sin\alpha$.

15. Les deuxièmes membres des équations (1) et (2) ne dépendent pas de la rotation du solide autour de son centre de gravité. Il en résulte que, si l'on cherchait le mouvement du solide dans l'hypothèse où il se déplacerait parallèlement à lui-même, on devrait obtenir les valeurs précédentes (1) et (2). Je cherche les équations du mouvement qui conviennent à ce cas.

Je fais donc

$$\begin{array}{llll} a = \cos\alpha, & a' = 0, & a'' = \sin\alpha, & \\ b = 0, & b' = 1, & b'' = 0, & \\ c = - \sin\alpha, & c' = 0, & c'' = \cos\alpha, & \\ \omega = 0, & p = 0, & q = 0, & r = 0. \end{array}$$

Les valeurs de u, u', u'' du n° 1 (p. 30) deviennent

$$u = \cos\alpha \frac{dx}{dt} + \sin\alpha \frac{dz}{dt},$$
$$u' = 0,$$
$$u'' = -\sin\alpha \frac{dx}{dt} + \cos\alpha \frac{dz}{dt},$$

puis

$$\Sigma V^3 X\, ds = A u^3 + 3B u u''^2,$$
$$\Sigma V^3 Y\, ds = 0,$$
$$\Sigma V^3 Z\, ds = 3C u''^3 + 3B u^2 u''.$$

Si l'on porte ces valeurs dans les équations en $\frac{d^2x}{dt^2}$ et $\frac{d^2z}{dt^2}$ du n° 1 (p. 30), on obtient

$$\frac{d^2x}{dt^2} = -\varepsilon[\cos\alpha(A u^3 + 3B u u''^2) - \sin\alpha(3C u''^3 + 3B u^2 u'')]$$
$$\frac{d^2z}{dt^2} = -g - \varepsilon[\sin\alpha(A u^3 + 3B u''^2 u) + \cos\alpha(3C u''^3 + 3B u^2 u'')],$$

d'où l'on déduit

$$\cos\alpha \frac{d^2x}{dt^2} + \sin\alpha \frac{d^2z}{dt^2} = -g\sin\alpha - \varepsilon(A u^3 + 3B u''^2 u),$$
$$\cos\alpha \frac{d^2z}{dt^2} - \sin\alpha \frac{d^2x}{dt^2} = -g\cos\alpha - 3\varepsilon(C u''^3 + B u^2 u''),$$

ou plus simplement

$$\frac{du}{dt} = -g\sin\alpha - \varepsilon(A u^3 + 3B u''^2 u),$$
$$\frac{du''}{dt} = -g\cos\alpha - 3\varepsilon(C u''^3 + B u^2 u'').$$

Telles sont les deux équations qui définissent le mouvement du centre de gravité dans l'hypothèse que j'ai faite.

Le projectile étant cylindrique, $B = 0$, et l'on obtient

$$\frac{du}{dt} = -g\sin\alpha - \varepsilon A u^3,$$
$$\frac{du''}{dt} = -g\cos\alpha - 3\varepsilon C u''^3.$$

16. Je suppose qu'on ait intégré ces équations rigoureusement, et qu'on en ait déduit

$$x\cos\alpha + z\sin\alpha = F(t, \varepsilon),$$
$$z\cos\alpha - x\sin\alpha = F_1(t, \varepsilon).$$

Il devra arriver qu'en développant $F(t, \varepsilon)$, $F_1(t, \varepsilon)$ en séries ordonnées suivant les puissances croissantes de ε, les premiers termes de ces développements forment les deuxièmes membres des équations (1) et (2), de sorte que ces deuxièmes membres ne représentent que des valeurs approchées de $F(t, \varepsilon)$, $F_1(t, \varepsilon)$. Cela suppose que les développements de ces fonctions en séries sont convergents; si donc il arrive que pour certaines valeurs des coefficients et du temps, un des deuxièmes membres des équations (1) et (2) devient divergent, il ne pourra plus remplacer la fonction $F(t, \varepsilon)$ ou $F_1(t, \varepsilon)$, et par suite il ne pourra plus servir au calcul des inconnues.

Or, dans l'exemple numérique que j'ai choisi, les termes du deuxième membre de l'équation (1) vont en croissant quand le temps dépasse une seconde, tandis qu'au contraire les termes du deuxième membre de l'équation (2) diminuent très-rapidement pour toutes les valeurs du temps inférieures à 15 secondes qui représentent une limite supérieure de la durée du trajet. Donc on pourra conserver l'équation (2) pour le calcul des inconnues, mais il faudra remplacer l'équation (1) par l'intégrale de l'équation $\frac{du}{dt} = -g\sin\alpha - \varepsilon A u^3$.

17. J'ai donc à intégrer l'équation

$$\frac{du}{dt} = -g\sin\alpha - \varepsilon A u^3.$$

Cette équation donne

$$dt = -\frac{du}{g\sin\alpha + ku^3},$$

en remplaçant εA par k, équation qui peut s'écrire

$$g\sin\alpha\, dt = -\frac{du}{1 + \frac{k}{g\sin\alpha}u^3}.$$

Je pose $u\sqrt[3]{\frac{k}{g\sin\alpha}} = w$, et l'équation devient

$$\sqrt[3]{kg^2\sin\alpha}\,dt = -\frac{dw}{1+w^3}.$$

D'ailleurs

$$dx\cos\alpha + dz\sin\alpha = u\,dt = \sqrt[3]{\frac{g\sin\alpha}{k}}\,w\,dt.$$

Si, de cette relation, je tire la valeur de dt et que je la porte dans l'équation qui précède, j'obtiendrai

$$\sqrt[3]{k^2 g\sin\alpha}\,(dx\cos\alpha + dz\sin\alpha) = -\frac{w\,dw}{1+w^2}.$$

Ainsi l'équation différentielle à intégrer peut être remplacée par les deux équations suivantes :

$$\sqrt[3]{kg^2\sin^2\alpha}\,dt = -\frac{dw}{1+w^3},$$

$$\sqrt[3]{k^2 g\sin\alpha}\,(dx\cos\alpha + dz\sin\alpha) = -\frac{w\,dw}{1+w^3},$$

ou bien

$$-3\sqrt[3]{kg^2\sin^2\alpha}\,dt = \frac{dw}{1+w} - \frac{1}{2}\,\frac{(2w-1)\,dw}{w^2-w+1} + \sqrt{3}\,\frac{\frac{2}{\sqrt{3}}\,dw}{1+\left(\frac{2w-1}{\sqrt{3}}\right)^2};$$

$$3\sqrt[3]{k^2 g\sin\alpha}\,(dx\cos\alpha + dz\sin\alpha) = \frac{dw}{1+w} - \frac{1}{2}\,\frac{(2w-1)\,dw}{w^2-w+1} - \sqrt{3}\,\frac{\frac{2}{\sqrt{3}}\,dw}{1+\left(\frac{2w-1}{\sqrt{3}}\right)^2};$$

d'où l'on déduit, en intégrant,

$$3t\sqrt[3]{kg^2\sin^2\alpha} = \mathrm{C} - \sqrt{3}\,\text{arc tang}\,\frac{2w-1}{\sqrt{3}} - \frac{1}{\mathrm{M}}\log\frac{1+w}{\sqrt{w^2-w+1}},$$

$$3\sqrt[3]{k^2 g\sin\alpha}\,(x\cos\alpha + z\sin\alpha) = \mathrm{C}' - \sqrt{3}\,\text{arc tang}\,\frac{2w-1}{\sqrt{3}} + \frac{1}{\mathrm{M}}\log\frac{1+w}{\sqrt{w^2-w+1}}.$$

Dans ces équations $\frac{1}{\mathrm{M}}$ représente l'inverse du module, c'est-à-dire le nombre 2,30259, et C et C′ deux constantes arbitraires. La valeur initiale de u est v_0; par suite celle de w est $w_0 = v_0 \sqrt[3]{\frac{k}{g \sin \alpha}}$. Avec les données numériques que j'ai choisies, on obtient

$$w_0 = 3,3424.$$

Les constantes C et C′ se déterminent par la condition que pour $t = 0$ on ait

$$w = 3,3424 \quad \text{et} \quad x \cos\alpha + z \sin\alpha = 0;$$

on obtient ainsi

$$C = 2,5878, \quad C' = 1,8290.$$

Si de la première des deux équations on pouvait tirer la valeur de w, en la portant dans la deuxième équation, on aurait pour $x \cos\alpha + z \sin\alpha$ l'expression que j'ai appelée $F(t, \varepsilon)$ et qui, développée suivant les puissances croissantes de ε, donnerait pour premiers termes le deuxième membre de l'équation (1). Cette élimination de w ne peut pas se faire. On est alors obligé de conserver les deux équations à la fois en y regardant w comme une variable auxiliaire.

On pourrait intégrer de même l'équation

$$\frac{du''}{dt} = -g \cos\alpha - 3\varepsilon C u''^3.$$

Mais comme le développement de $z \cos\alpha - x \sin\alpha$ en série est convergent, il est plus commode de le conserver. L'équation permet d'ailleurs d'avoir autant de termes que l'on veut.

Intégrant donc par approximations successives, en tenant compte de ce que pour $t = 0$ on a $u'' = 0$, on obtient, en posant $3\varepsilon C = k''$,

$$u'' = -gt \cos\alpha + \frac{1}{4} k'' g^3 t^4 \cos^3\alpha - \frac{3}{28} k''^2 g^5 t^7 \cos^5\alpha + \frac{57}{1120} k''^3 g^7 t^{10} \cos^7\alpha - \frac{737}{29120} k''^4 g^9 t^{13} \cos^9\alpha + \ldots;$$

d'où, en intégrant,

$$z \cos\alpha - x \sin\alpha = -\frac{1}{2} gt^2 \cos\alpha + \frac{1}{20} k'' g^3 t^5 \cos^3\alpha - \frac{3}{224} k''^2 g^5 t^8 \cos^5\alpha + \frac{57}{12320} k''^3 g^7 t^{11} \cos^7\alpha - \frac{737}{407680} k''^4 g^9 t^{14} \cos^9\alpha + \ldots$$

On reconnaît que les trois premiers termes de ce développement forment bien le deuxième membre de l'équation (2).

18. Le mouvement du centre de gravité en projection sur le plan zox est donc défini par les trois équations simultanées

$$(1)\quad t\,\mathrm{N}\,\mathrm{l}\,\bar{2},94599 = 2,5878 - \sqrt{3}\,\mathrm{arc\,tang}\,\frac{2w-1}{\sqrt{3}} - \frac{1}{\mathrm{M}}\log\frac{1+w}{\sqrt{w^2-w+1}},$$

$$(2)\quad (x\cos\alpha + z\sin\alpha)\,\mathrm{N}\,\mathrm{l}\,\bar{4},98291 = 1,8290 - \sqrt{3}\,\mathrm{arc\,tang}\,\frac{2w-1}{\sqrt{3}} + \frac{1}{\mathrm{M}}\log\frac{1+w}{\sqrt{w^2-w+1}},$$

$$(3)\quad z\cos\alpha - x\sin\alpha = -\frac{1}{2}gt^2\cos\alpha + \frac{1}{20}k''g^3t^5\cos^3\alpha$$
$$- \frac{3}{224}k''^2g^5t^8\cos^5\alpha + \frac{57}{12320}k''^3g^7t^{11}\cos^7\alpha - \ldots,$$

équations dans lesquelles

$$\mathrm{N}\,\mathrm{l}\,\bar{2},94599 = 3\sqrt[3]{k\,g^2\sin^2\alpha}$$

et

$$\mathrm{N}\,\mathrm{l}\,\bar{4},98291 = 3\sqrt[3]{k^2\,g\sin\alpha}.$$

Si l'on donne une certaine valeur à w, l'équation (1) donnera la valeur correspondante de t. L'équation (2) donnera la valeur de $x\cos\alpha + z\sin\alpha$. Portant ensuite la valeur trouvée de t dans l'équation (3), on obtiendra $z\cos\alpha - x\sin\alpha$. Ayant $x\cos\alpha + z\sin\alpha$ et $z\cos\alpha - x\sin\alpha$, on calculera x et z. Si l'on fait $w = 1,1$ on obtient

$$t = 9^s,611,\quad x\cos\alpha + z\sin\alpha = 1528^m,3$$

et

$$z\cos\alpha - x\sin\alpha = -421,49,$$

d'où

$$x = 1585^m,1 \quad\text{et}\quad z = 16^m,17.$$

Si l'on fait $w = 1,05$, on obtient

$$t = 10^s,369,$$

puis

$$x = 1674 \quad\text{et}\quad z = -21,76.$$

Si l'on fait $\varpi = 1$, on obtient

$$t = 11^s,186,$$

puis

$$x = 1769 \quad \text{et} \quad z = -76,59.$$

On voit par là que la durée du trajet est comprise entre $9^s,611$ et $10^s,369$, et que la portée est de même comprise entre $1585^m,1$ et 1674.

19. L'équation (1) jointe à l'équation en u'',

$$u'' = -gt\cos\alpha + \frac{1}{4}k''g^3t^4\cos^3\alpha - \ldots,$$

permet d'avoir les valeurs simultanées de u et u'', puis celles de $\frac{dx}{dt}$ et de $\frac{dz}{dt}$.

Pour $\varpi = 1,1$ on obtient

$$u = 101^s,03 \quad \text{et} \quad t = 9^s,611$$

puis l'équation en u'' donne

$$u'' = -83,713.$$

On en déduit

$$\frac{dx}{dt} = 120,197 \quad \text{et} \quad \frac{dz}{dt} = -52,622,$$

d'où

$$\frac{dz}{dx} = -\operatorname{tang} 23^\circ\, 38'\, 6.$$

L'angle de chute est donc à peu près 23° 38′ 6.

La vitesse finale est

$$\frac{\frac{dx}{dt}}{\cos 23^\circ\, 38'\, 6} = 131^m,21.$$

20. En comparant ces résultats à ceux que donne l'expérience pour le boulet de 12, on reconnaît que la résistance de l'air sur le projectile que j'ai considéré est beaucoup plus énergique que sur le boulet de 12 véritable. Pour le boulet de 12 vrai, la durée du trajet dans les conditions où je me suis placé est de 14 secondes, et la portée de près de

3000 mètres. La vitesse restante est de 170 mètres et l'angle de chute de 24°20'. La dérivation finale est de 71 mètres. A la distance de 1600 mètres, qui représente la portée du projectile que j'ai considéré, la dérivation du boulet de 12 vrai est de 15 mètres. Celle que j'ai calculée pour cette distance est de 16 mètres.

Les différences entre les résultats que j'ai obtenus et ceux de l'expérience peuvent tenir à ce que la loi de résistance que j'ai adoptée n'est pas exacte, ou bien à ce que le coefficient ε que j'ai calculé d'après une formule de balistique est trop considérable. Mais elle provient certainement en grande partie de la forme du projectile que j'ai considéré. La partie ogivale qui termine le boulet de 12 doit diminuer la résistance de l'air qui s'exerce suivant la tangente à la trajectoire, et par conséquent le boulet doit aller beaucoup plus loin que si cette partie conique n'existait pas.

Vu et approuvé.

Le 17 octobre 1867.

Le Doyen de la Faculté des Sciences,

MILNE EDWARDS.

Permis d'imprimer.

Le 17 octobre 1867.

Le Vice-Recteur de l'Académie de Paris,

A. MOURIER.

DEUXIÈME THÈSE.

PROPOSITIONS D'ASTRONOMIE DONNÉES PAR LA FACULTÉ.

Théorie des inégalités séculaires du mouvement des planètes.

Vu et approuvé.

Le 17 octobre 1867.

LE DOYEN DE LA FACULTÉ DES SCIENCES,

MILNE EDWARDS.

Permis d'imprimer.

Le 17 octobre 1867.

LE VICE-RECTEUR DE L'ACADÉMIE DE PARIS,

A. MOURIER.

PARIS. — IMPRIMERIE DE GAUTHIER-VILLARS, SUCCESSEUR DE MALLET-BACHELIER, rue de Seine-Saint-Germain, 10, près l'Institut.

PARIS. — IMPRIMERIE DE GAUTHIER-VILLARS,
Rue de Seine-Saint-Germain, 10, près l'Institut.

www.ingramcontent.com/pod-product-compliance
Ingram Content Group UK Ltd.
Pitfield, Milton Keynes, MK11 3LW, UK
UKHW020425230726
13925UKWH00004B/1607